HANDBOOK OF SEED

育てて楽しむ

種採り事始め

Fukuda Toshi
福田 俊

創森社

ミツバチの訪花
（コマツナ）

種採りの意義と妙味～序に代えて～

小規模の菜園で野菜づくりに取り組むのであれば、なにもスーパーマーケットなどで販売されている画一化、均質化された野菜と同じものを好き好んでつくる必要はありません。なぜなら個性派で味のよい在来種、固定種野菜には形こそばらつきがあり不揃いですが、育てる楽しみ、食べる喜びがあるのに加え、種を採り続ける楽しみがあるからです。

筆者は種苗会社勤務時代より長い間、東京・練馬区で貸し農園を借りて野菜を栽培してきました。定年前の２００４年からは埼玉県日高市でブルーベリー園を造成し、その傍ら自給自足の野菜栽培をしています。練馬で貸し農園を利用し始めた当初から有機肥料での栽培でしたが、農薬を使うこともありました。ところが１９９０年ごろから無農薬栽培に切り替え、今では自然農法に近い有機栽培を実践しています。それは無農薬で有機肥料を使い、ほとんど不耕起で混植連続栽培、連作はあたりまえというものです。天然の微生物を大事にし、畑から出た残渣はすべて畑に戻すという循環農法です。有機栽培で育てた野菜は、葉色が淡く優しい緑色でじっくりと育ちます。食べるとあくがなくおいしく、腐らずに長く貯蔵できるのが特徴です。

最初は市販の一代交配種の種での栽培がほとんどでしたが、近年は在来種・固定種野菜を育て、自家採種して、翌年にはその種をまいて栽培することが増えて中心になってきました。

本書は、主に家庭菜園、貸し農園、市民農園などでの栽培の体験談と小規模な野菜の種採りについての取り組み方などを紹介しています。みなさんも気軽に一味も二味も違う在来種、固定種の野菜の種を育て、意義ある自家採種をして楽しんでみませんか。

２０１５年４月

福田 俊

〈育てて楽しむ〉種採り事始め――もくじ

訪花のミツバチ

第1章 育てて楽しむ種採りの世界 5

第2章 野菜ごとの栽培と種の採り方 17

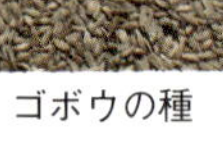
ゴボウの種

シュンギクの開花

アカハナマメの開花

◆採種関連の主な用語解説

在来種　ある地方で古くから栽培され、代々受け継がれて風土に適応してきた野菜の系統や品種のことで、おおむね固定種。

固定種　何世代もかけて選抜、淘汰されて遺伝的に安定した品種。

一代交配種　異なる性質の種をかけ合わせてつくった雑種第１代（優性形質）の種。First filial generation（最初の子どもの世代）を略し、F_1種ともいう。雑種第２代は、形質などが分離してしまう。

人工授粉　人為的に雄しべの花粉を雌しべ（柱頭）につけて授粉をおこなうこと。

自家受粉　一つの花の中、または同じ株の雄しべの花粉が雌しべにつくこと。

自家不和合性　雄しべも雌しべもあるのに自分の花粉では受精しないこと。

母本選抜　採種のため、その品種の特性を示す株を親株として選ぶこと。

とう立ち　気温や日の長さなど一定の条件になると、花芽をつけて花茎を伸ばすことで、抽だいともいう。

収穫した二十日ダイコン

ＭＥＭＯ

- 栽培時期、作業暦は関東、関西の平野部を基準値にしています。生育は地域、品種、気候、栽培法によって違ってきます。
- 上記の用語以外にも栽培、採種の専門用語が出てきますが、本文初出のカッコ書きで解説。難読用語には、本文初出でふり仮名をつけています。
- 第２章のシュンギクなど10品目ほどの野菜の「栽培のヒント」については日本農業新聞初出（著者執筆）、自著『図解マンガ フクダ流家庭菜園術』（誠文堂新光社）に収録したものを部分的に再収録しています。
- 第２章の「系統・品種」については、一部に野口のタネ・野口種苗研究所などが取り扱う種を参考までに加えています。
- 品種や栽培などの写真については、ごく一部に関野幸生、髙橋浩昭、土屋喜信さんらをはじめとする実践者の方々のケースを加えています。

第1章

育てて楽しむ
種採りの世界

ニンジンの傘花

在来種・固定種から種採りをする

在来種の素顔

在来種と呼ばれる野菜の種があります。それらは各地の気候風土のなかで代々採種され、受け継がれてきたものです。その土地ではよくできても、他の地域でよくできるとはかぎらないものもあります。

在来種について具体的には、例えば江戸東京野菜といわれるもの。ダイコンでは練馬大根、大蔵大根、亀戸大根など、菜っ葉類では小松菜、三河島菜、ノラボウナ、キュウリの馬込半白節成などです。ほかにもたくさんの種類があります。

江戸東京野菜の三河島菜

京野菜といわれるものでは、漬け物で有名な酸茎菜（カブ）や伏見唐辛子、賀茂茄子、柊野ささげなどがあります。加賀野菜といわれるものでは、源助大根、金時草（水前寺菜）、加賀太きゅうり、打木赤皮甘栗かぼちゃなどです。

このように全国各地に、代々受け継がれた野菜の品種があるのです。それらは、固定種または単種とも呼ばれています。

なぜ在来種、固定種か

在来種も含めて固定種といわれるものは何世代もかけて選抜し、淘汰されてきた遺伝的に安定した品種ですが、ある程度微妙に違う遺伝的性質を持っています。

採種の世代を重ねても、他からの交雑（異なる品種の間、種の間、属の間でおこなわれる交配）でもないかぎり、その品種内の交雑なら極端に形質が分離するようなことはないのです。後述の一代交配種に比べれば、生育や熟期や大きさなどがばらつくことはあり、その許容範囲というものがあります。また、採種する時点で選抜する人の目によっては、微妙に特性が変わっていきます。

固定種野菜は規格化されにくいこともあり、大量輸送の市場流通ではかならずしも評価されません。急激に衰退、消滅しかかった主因です。

そのため、種苗業者も種屋も固定種の種を取り扱わず、ごく一部の農家や種屋の間で細々と受け継がれてきた、といってもよいでしょう。

しかしながら近年、各地で農産物直売所などが設置され、これまでのような市場流通一辺倒でなくなってきたこ

漬け物用のさぬき白ウリ

肉厚の万願寺唐辛子

表1　固定種と一代交配種の種の特徴

固定種の種

- 何世代にもわたり、絶えず選抜・淘汰され、遺伝的に安定したもの
- 生育時期や形、大きさなどが揃わないこともある
- 地域の食材として根付き、個性的で豊かな風味を持つ
- 自家採種できる

一代交配種の種

- 異なる性質の種をかけ合わせてつくった雑種一代目
- 雑種二代目になると、多くの株に一代交配種と異なる性質が現れる
- 生育が旺盛で特定の病気に耐性をつけやすく、大きさや風味も均一。大量生産、大量輸送、周年供給などを可能にしている
- 自家採種では、同じ性質を持った種が採れない（種の生産や価格を種苗メーカーにゆだねることになる）

注：出典『野菜の種はこうして採ろう』（船越建明著、創森社）をもとに作成

ともあり、個性的で良食味の在来種、固定種の野菜が徐々に見直されはじめているのも事実です。

固定種には、適地適作というものがあります。北の地方で栽培される品種は寒さや日長に敏感な品種もあり、それらが南の地方でよくできるとはかぎらないのです。なんでもかんでもつくってしまわずに、立地条件を十分に考慮し、適地かどうかよく判断して栽培する必要があります。

一代交配種の明暗

現代の種の流通は一代交配種（F_1種ともいう）が主流です。一代交配種は、遺伝的に時間をかけて固定された異なる性質の両親を交配した雑種一代目です。

なぜ主流かというと、雑種強勢、優性形質といって両親の持つよい性質が現れ、収量が多く、病気に強く、熟期や大きさが揃い、輸送性があるので、前に触れたとおり流通関係者はもとより、単一作物を栽培して出荷する生産農家には好都合なのです。

そのため、固定種に比べると形状、規格を重視し、味は二の次になったものも多くあります。ただ、一代交配種の特性は生産農家にとって魅力的ですが、その効果は一代目かぎりです。

もし一代交配種を自家採種して種をまいても、雑種二代目は特性や形質がバラバラに分離し、いろいろな形状の個体が出てきてしまうので実用的ではありません。そこで、つねに種苗会社が採種して販売する一代交配種を買わざるをえなくなるのです。

ある意味では、一代交配種によって現代の種苗業が成り立っているともいえます。種苗業者にとってその両親となる原種は大切な財産で、いろいろ工夫しながらそれを維持しつつ手間をかけて一代交配種を採種し、農家へ提供しています。そのため、固定種の種と比べると一代交配種の種代は、はるかに高価です。

高糖度でおいしいアロイトマト

育種素材として

前述のように一代交配種は、自家採種したら雑種二代目の形状性質が分離してしまうので、生産出荷には使えません。しかし、育種素材となると話は別です。

いろいろなものが出てきたその中から好みの素材を選んで選抜を何年も重ねていくと固定化され、固定種として新品種ができます。種苗業者でも一代交配種の分解、選抜、固定という手法で、つぎの一代交配種の親をつくることが多くおこなわれています。

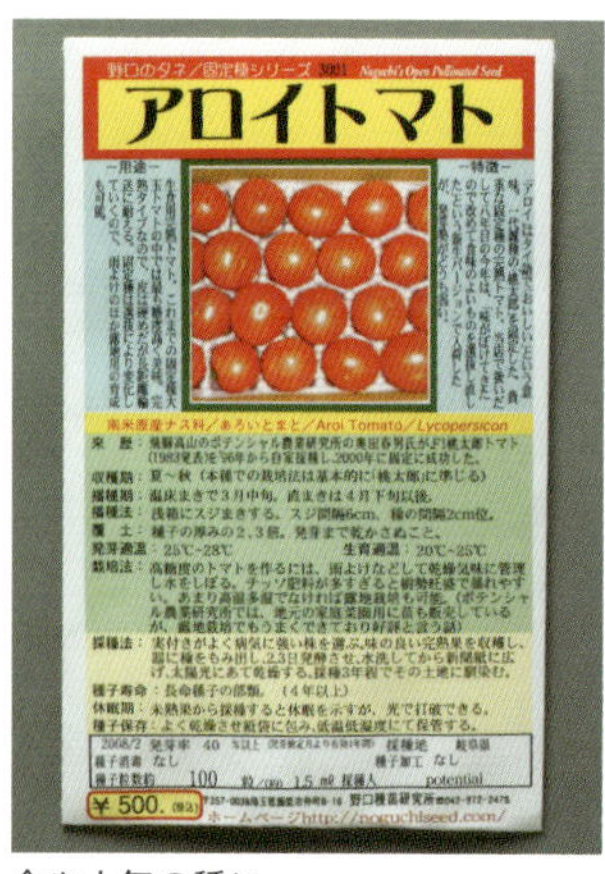

今や人気の種に

ちなみに自然農法など環境に負荷をかけない農業に取り組む人々の間で、ひそかに人気の高糖度でおいしいアロイトマトという品種があります。もとは一代交配種の桃太郎で、岐阜のコックさんが5年をかけて選抜、固定したものだそうです。

毎年、埼玉県飯能市の野口のタネ・野口種苗研究所で販売されますが、すぐに売り切れになるほどの人気の品種です。その種を買った人々のほとんどは独自に採種を続け、その土地に合ったアロイトマトとして品種改良が続いているのです。

小規模菜園は固定種で

さて、これまで家庭菜園では丈夫で揃いがよく、病気にも強く、収量が多

市民農園（埼玉県小川町のしもざと桜ファーム）

い一代交配種が主力でした。しかし、近年はいっせいに収穫できなくても、形は揃わなくても味のよい固定種が見直されています。もちろん、種代が高く毎年買わざるをえない一代交配種ばかりをつくらなくてもよいのです。

家庭菜園などで、みずから汗を流して野菜づくりに取り組むのであれば、適地適作、旬産旬消を念頭に置き、個性派野菜にチャレンジすることをおすすめします。

在来種の小布施丸ナスの種

固定種野菜には育てる楽しみのほかに、スーパーマーケットなどで求める規格化された野菜とは一味違うものを食べる楽しみ、さらに翌年以降も栽培していくために種を採る楽しみまであります。種苗会社に勤務していたことのある私が強調するのも変かもしれませんが、家庭菜園、貸し農園、市民農園など小規模菜園にこそ在来種、固定種野菜はぴったりなのです。

固定種は自家採種を３年も続けるとその土地に合った自分好みの種となり、その種を維持して毎年栽培し続けることができます。ときには農園や野菜づくりの仲間、グループで種子の交換をしたりするのも楽しいものです。

よい種は健康な土から

野菜の栽培で大事なことは、なによりも土づくりです。採種ともなれば、果実がなって種を採るという最終ステージまで栽培するのでなおさらです。健全に育っていなければ、よい種は採れません。そのためには、土の中に微生物ほか多様な生物が生きている健康な土にしていかなければなりません。

筆者の土づくりは、春にヨモギの新芽を採り、黒砂糖に漬け込んで天恵緑汁（植物の葉緑素などを黒砂糖や微生物の力を借りて抽出したもの）をつくることから始まります。

これは韓国出身の趙漢珪（チョウハンギュ）さんが考え方や技術を体系化し、自然農業を実践する仲間とともに普及しているものの一つで、土に天然の微生物を取り込むのです。

詳しくは第3章で述べますが米糠、油粕、魚粉、骨粉などを天恵緑汁と水を加えて発酵させボカシ肥料（魚粉や油粕、米糠などを用いてつくる有機発酵肥料）をつくります。ブルーベリーの剪定枝などを燃やし、草木灰（そうもくばい）（草や木などの植物を燃やしたときにできる灰）にします。落ち葉では腐葉土をつくります。

それらを畑に入れ、善玉菌が優勢なバランスのよい環境にすると病気も少なくなり、野菜はおのずとよくでき、土は肥えてほかほかになっていきます。栽培した残渣は風化させて畑に還します。

よい環境ができあがると土は微生物と野菜の根で耕され、人間が耕すこともしなくてよくなります。棒を挿せば1mぐらいす〜っと入ります。入れる肥料もしだいに少なくて済むようになります。

交雑を防ぐための工夫いろいろ

小規模菜園の交雑防止

採種でつきまとう大きな問題は、交雑防止です。小規模菜園のため、多少の労力がかかり、採種効率が悪くなるとしても交雑を防ぎ、ねらいどおりの純粋な種を採っていかなければなりません。

虫媒花にはハチやアブなどの訪花昆虫がきて、ほかの花粉を授粉してしまいます。アブラナ科など他家受粉を基本とするものは、とくに気を遣う必要があります。

ホウレンソウやイネ科の野菜は風媒花で、近くにあれば風で花粉が飛んできて交雑してしまいます。

交雑を防ぐ工夫

隔離して育てる　これらを解決するのは、隔離栽培がいちばん有効な方法です。種苗会社では育種のための交雑防止に、いくつもの網室を利用しています。完全に隔離させるためです。隔離すると中に外からの訪花昆虫は入らないのですが、授粉役がいないため、交配にはミツバチに活躍してもらいます。

袋や網をかけて覆う　隔離栽培をしないまでも、訪花昆虫を寄せつけないように袋をかけることも一つの方法です。受粉後、結実までの間、袋をかけ、実が太り出したら外します。網や

訪花昆虫の飛来（コマツナ）

交雑を防ぐ例

株全体を防虫網で覆う（アブラナ科など）

ポリパイプや丸竹を四隅に突き刺し、寒冷紗やナイロンのネットなどを張り、防虫網として株全体を覆う。持ち運びできるミニ網室をつくって設置したり、畝全体をアーチ状に組んで寒冷紗で覆ったりしてもよい

雌花に袋をかける（ウリ科など）

開花前の雌花にグラシン紙（パラフィン紙の一種。文具店などで市販）などによる紙袋をかける

別の場所で咲いた雄花の花粉をつけ（人工授粉）、交配日を記入した新しい紙袋をかける。果実が肥大したら紙袋を除去する

寒冷紗を上からかけて覆うのも有効です。ピーマンなど自家受粉で訪花昆虫による交雑の心配があるものに向いています。

開花時期をずらす　作付け時期を変え、開花をずらす方法もあります。トウモロコシなどは種まき時期をずらせば、花が咲く時期もずれます。一方が咲いているとき、もう一方は咲いていなければ交雑の心配はありません。

同じ年に採種しない　交雑するグループは、同じ年に採種しない方法もあります。種は寿命があるので何年か持ちます。そこでハクサイ、カブ、コマツナなど交雑グループのものは同じ年に採らず、順々に年を変えて採種すればよいでしょう。

とう立ちを切る　交雑相手のとう立ちを発見したら、切ってしまう方法も有効です。例えば同一グループのハクサイ、コマツナ、チンゲンサイ、ミズナ、カブのどれかが咲いていて採種目的でない場合です。

種子繁殖と栄養繁殖の野菜

受粉による種子繁殖

有性生殖　野菜に花が咲き、雄しべの花粉が雌しべについて受精し、種ができます。その種がつぎの世代にまた育って花を咲かせ、受粉して種をつけることを繰り返しているのが種子繁殖です。

このように種子繁殖は雄性と雌性の配偶子が合体し、受精によって接合子をつくり、それが発育して新しい個体となる有性生殖です。

訪花（シュンギク）のミツバチ

電動歯ブラシによる振動授粉

自家受粉と他家受粉　野菜などの種子植物には、自家受粉するものと他家受粉するものがあります。

自家受粉とは同じ個体の同じ花の中で、あるいは同じ株の中の隣花の間でおこなわれる受粉のことです。マメ科やトウモロコシを除くイネ科の作物がこれにあたります。

一方、他家受粉とは雌しべに他の系統の株の花粉を授粉することで、自家受粉に対する言葉です。アブラナ科、ウリ科、ナス科の作物が含まれます。

なお、雄しべも雌しべもあるのに自家受精がおこなわれず、他家受粉でしかできないものを自家不和合性といいます。

栄養繁殖で増殖

野菜の繁殖には種ができ、つぎの世代へ受け継がれる種子繁殖以外に、栄養体（同じ親から無性生殖によって増やされた個体群で、いわゆるクローン）で繁殖する栄養繁殖があります。

例えば果樹の品種を挿し木（新梢や枝などの一部を切り取り、発根させて草木や台木を養成する方法）や接ぎ木（枝や芽などの一部を切り取り、台木や別の個体に接ぐ方法）で繁殖させるのと同じです。たとえ種ができるものがあって、採種してまいてもそれは別品種となり、品種の維持はできません。

生殖細胞によらず塊根（かいこん）、塊茎（かいけい）、球茎、鱗茎（りんけい）、球芽などの栄養体で繁殖するので遺伝的な変化はなく、その品種の特性が維持されるということになります。

栄養繁殖の野菜群

イモ類　栄養繁殖するものにはどんなものがあるかというと、まずイモ類です。サツマイモはイモから出てきた蔓（つる）を挿して植えつけます。ジャガイモ

表2　作物の繁殖分類

種子繁殖	自家受粉	マメ科、トウモロコシを除くイネ科	品種隔離せず採種
	他家受粉	アブラナ科、ウリ科、ナス科	品種隔離して採種
栄養繁殖	サツマイモ、ジャガイモ		収穫したイモを種イモに
	サトイモ、ヤツガシラ		一般的には子イモを種イモに
	ヤーコン		根元の芽を種イモに
	ショウガ、ウコン、ミョウガ		地下茎利用
	イチゴ		ランナーで増殖
	ワケギ、ラッキョウ、ニンニク		球根利用
	ウド、ニラ、アスパラガス		株分け

注：『金子さんちの有機家庭菜園』（金子美登著、家の光協会）などをもとに加工作成

やサトイモは種イモを植えつけます。ジャガイモは花が咲き、まれにトマトのような実がつくことがありますが、種をまいたら別品種になってしまいます。

　ナガイモや自然薯はイモの上についた芽の部分を種イモにします。そのほかナガイモには節々につくムカゴを採取して植えつけ、養成して種イモを生産することもします。

　キク科のヤーコンは、できたイモの形状はサツマイモのようでもそのイモからは芽が出ないのでイモは食用にし、根元についた丸い芽の部分を保存しておいて翌年植えつけます。ショウガやウコンやミョウガは、地下茎を植えることで繁殖します。

アスパラガス、ニラなど　種でも繁殖しますが、栄養繁殖もできるものとして、アスパラガスやニラ、ウドがあります。それらは株分けでも繁殖します。ニンニクやワケギやラッキョウも、できた球根を保存して翌年の生産をします。

イチゴ　イチゴの実の表面のつぶつぶは種ですが、それをまくと生えてきたものは親とは別品種です。イチゴの品種の維持には、初夏に伸びるランナー（匍匐茎など地面を這うようにして生長する茎）で増殖して翌年の株を養

掘り出したサトイモ

ヤーコンの根についた芽

ニンニクの球根

成します。通常は種で繁殖するトマトも、摘み取った脇芽を挿し木すれば発根し、栄養繁殖もできます。

ウイルス病の危惧

栄養繁殖で問題となるのが、ウイルス病（ウイルス感染によって引き起こされる病気）です。

種ができるものはウイルス病にかかっても種にはウイルスが入らないため、つぎの世代にウイルス病が伝わることはありませんが、栄養繁殖のものはウイルスに感染したまま、つぎの世代へ伝わってしまいます。ウイルス病にかかると株の勢いが極端に弱まり、収量が減ります。何種類ものウイルスが複合感染した場合は、正常な生育をしないばかりか、枯死してしまうこともあります。

このように栄養繁殖によるウイルス病感染株からウイルスを取り除き、ウイルスフリー苗（ウイルスのない苗）を養成する技術がイチゴやサツマイモなどで実用化され、実際に園芸店やホームセンターなどで苗や株が市販されています。

サツマイモの場合でも、無病健全なウイルスフリー苗としてポットに入ったものが売られています。その苗を植えて出てきた蔓を切って植えつけると、ウイルス病に感染したサツマイモに比べると生育旺盛となり生長も早く、りっぱなイモが揃って、たくさん収穫できます。

ウイルスフリー化へ

筆者は種苗会社勤務のとき、イチゴのウイルスフリー株で生産した苗販売にも携わっていました。苗の生産は、カスミソウの生長点培養で一世を風靡した㈱ミヨシに委託していました。そのとき見聞きしたことを思い出すと、まず、ウイルスフリー化する方法は茎頂培養（メリクロンともいう）です。

その仕組みは、植物に感染したウイルスは細胞分裂が盛んな生長点には到達していないことを利用。無菌の実験室内の顕微鏡下で、熟練した職員が生長点を含む付近の細胞を0・3㎜以下に切り取り、無菌の試験管内の寒天培地で培養すると、細胞から芽が出てイチゴの株ができあがるというものです。その株はウイルスが入っていないのです。それを原種として親株用の「メリクロンイチゴ苗」を増殖生産し、全国へ販売していました。

しかし、ウイルスフリー株はウイルスを除いただけで、ウイルス病にかからないという抵抗性を持っているわけではありません。そのまま自然に栽培を続けて2～3年経つと、アブラムシなどからウイルス病が媒介されて再感染してしまうのです。

そうならないようにするため、栽培では1㎜目合いの寒冷紗で覆い、アブラムシなどの付着、侵入を防ぐ必要があります。また、親株は定期的にウイルスフリー株に更新すれば問題ありません。

作物の特徴を保つ株を見分け、選ぶ

種苗会社の母本選抜

筆者は種苗会社に勤務していたので、晩秋ともなると採種チームの母本選（母本選抜）に駆り出されていました。主にニンジン、ダイコン、ゴボウ、カブなどの根菜類でした。

母本選とはどんな作業かというと、広大な採種農家の畑に植えられた採種用株の中から一般的な青果収穫の適期に、その品種の特性の許容範囲外のものを瞬時に見きわめながらはね出していくのです。

すでに畑では母本候補のニンジンなどが抜いて並べてあるのですが、それを一本一本じっくりではなく、歩きながら主に根の形状や色を見て採種に適さないものをはね出し、つぎの畑へと移動するのです。残された母本を採種圃場へ移植し、翌年採種がおこなわれるのです。

根菜類の選抜時期は、ちょうど晩秋です。山梨県などが採種地だったニンジンの母本選は、泊まりがけで数日間かかるお祭り騒ぎ。それが終わると年の瀬だった、という毎年でした。そのときの採種組合も解散し、ほとんどの採種は海外へと移行したので、今ではお祭り騒ぎもなくなりました。

収穫したニンジン（小泉冬越五寸）

ニンジンの母本選抜

収穫後のカブ（みやま小かぶ）

小規模菜園の母本選抜

さて、家庭菜園では規模が違いますから、根菜類なら許容範囲外のものを取り除くというよりは許容範囲内のものを採種用の母本として選んで移植し、種採りをするケースが多いと思います。やはり晩秋に収穫した時点で選抜するのがよいでしょう。

選ぶ基準は選ぶ人によって異なりま

す。根の形や色、品質、生育力など目的に合った特性を確認して、品種の特性の許容範囲内のものを複数本母本として選び、採種場所に移植します。

形や品質にこだわりすぎると、生育力が落ちる場合もあるのでほどほどにしたほうがよく、生育旺盛な株も混ぜ込んだりもします。それ以外に、生育中に生育のよくない株や奇形の株などは早めに取り除くようにします。

ネギ坊主（石倉根深一本葱）

果菜類と葉茎菜類

果菜類　果菜類は果実がなってから特性を確認し、その品種の特徴に合った採種果を選んで採種用に残します。完熟で収穫するものはそのまま採種し、未成熟果実を収穫するナスやピーマンなどは完熟するまで株にならしてから採種します。

採種果実を決定するとき、その株が元気な株であることが前提となります。枯れ熟れ（熟す前に枯れている状態）ではいけません。

葉茎菜類　葉茎菜類は、発芽後から様子を見ながら異株があったら抜き取ります。異株の例としては極端に大きかったり、小さかったり、葉色が違ったり、葉形が違ったものを間引きしながら取り除きます。

採種用キュウリ（相模半白）

異株除去・複数本確保

異株を取り除く　一代交配種はある意味では遺伝的には純粋ですが、固定種は遺伝的には微妙に違う似たもの同士が集まった集団です。その集団からかけ離れた異株（とくに周囲と比べ、異様に大きいものなど）は、母本に加えないようにしていかないと特性がぶれてしまうことになります。

複数本が必要　固定種を1本だけで自家採種を続けると、近交弱勢（いわゆる内婚弱勢）で弱いものになってしまいます。

近交弱勢を防ぐためには、少なくとも3～5本以上必要です。複数の似たもの同士がおたがいに交雑して、その集団としての勢いが保たれ、維持されます。

第2章

野菜ごとの栽培と種の採り方

大浦ゴボウの種

トマト

蕃茄（ばんか）／ナス科トマト属
原産地＝南米アンデス産地

系統・品種

トマトは家庭菜園の代表的な野菜です。種採りに適した品種は、大玉でポンテローザ、世界一、ファースト、メニーナなど、小玉でシュガーランプ、梓川ミニトマト、ブラジルミニトマトなどです。

筆者が自家採種を始めて4年になる品種は大玉のアロイトマトで、味のよい高品質の固定種です。

栽培のヒント

開花（５月）

2月に12cmポットに20粒ほど種をまいて25℃の育苗床で発芽させ、本葉（子葉のあとから出てくる葉）が1・5枚のころ、胚軸を地ぎわで切って断根し、天恵緑汁の500倍液に1時間ほど浸してから6cmポットに育苗培土を入れ、1本ずつ挿します。こうすることで植物共生細菌が入り、丈夫に育ちます。胚軸断根挿し育苗です。根量も多くなります。苗は徒長（ふつうよりも弱々しく細長く生長すること）しないようにがっちりとつくります。

植えつけは1段目の花が咲くころですが、1段目の花は摘んでしまい、寝かせ植えにします。寝かせ植えというのは、1段目の花が咲く下ぐらいまでの茎を寝かせて土に埋めてしまうことです。そうするとトマトは茎からも強い根を出し、さらに元気に生長します。勢いがあるので1段目の下の強い側枝は摘まずに伸ばせば、2本仕立てもできます。芯を止めることもなく多段どりができます。

春に植えたトマトは暑い夏にはなり休むことがありますが、秋になれば霜が降るまでなり続けます。

トマトは自家受粉なので、交雑の心配もあまりありません。振動授粉で電動歯ブラシのバイブレーターを花房にあてがうと、花粉がよく出て確実に授粉できます。果実がなったら、大きく形や色のよいものを完熟させてから収穫します。花落部に放射状の黄色い条が出て、水に入れて沈むものがおいし

種子（アロイトマト）

作業暦　● 種まき　■ 植えつけ　■ 収穫　●●● 種採り

作業	1月	2月	3月	4月	5月	6月	7月	8月	9月	10月	11月	12月
種まき		●										
植えつけ				■								
収穫						■	■	■	■	■	■	
種採り							●	●				

種採りのポイント

果実を切り、ゼリーごと種を取り出す

種をゼリーごと瓶に入れ、発酵させる

種を広げ、天日乾燥

茶漉しで種を取り出す

大玉のメニーナ

ブラジルミニトマト

高品質のアロイトマト

いトマトです。

採種・保存

採種はトマトを切って、ゼリーごと種を取り出します。残りの果肉部分はおいしく食べます。取り出した種の部分は瓶やポリ袋などに入れ、2〜3日発酵させます。

そうすると種がゼリーから外れ、沈むようになります。その後は水を入れながら上澄みを捨てていきます。上澄みがきれいになったら、種を茶漉し網で受けると水と分離して取り出せます。取り出した種はキッチンペーパーなどに広げ、天日乾燥します。途中、種がペーパー上に重なり、種同士がひっつくのでほぐします。

十分乾燥したら、紙袋やチャック付きのポリ袋（乾燥剤同封）などに入れ、採種日と品種名を書いて冷蔵庫などで保存します。種は乾燥、低温状態で寿命が長くなります。もともとトマトの種子寿命は長いほうです。

ピーマン、パプリカ

ナス科トウガラシ属
原産地＝熱帯アメリカ

開花

完熟の採種果

収穫期のピーマン

花に袋をかける

系統・品種

固定種にはカリフォルニアワンダー、伊勢、三重みどり、カリフォルニアワンダーを改良したさきがけピーマンなどがあります。

栽培のヒント

ピーマンも育苗はトマトに準じ、ほぼ同じようにします。植えつけは浅植えにしたほうが病気にもならず、丈夫に育ちます。雨にあたっても裂果の心配はなく、露地栽培でも問題ありません。

支柱は背丈ほどの園芸支柱を立て、ポリの平テープをドリルで捻った紐支柱を張り、枝を誘引（枝や茎を支柱などに縛りつけ、作物の生長の方向や形状を調節すること）していく方法がやりやすいのでおすすめです。

トマト同様、自家受粉で受精しますが、バイブレーターをあてがえば確実に受粉します。ただし、トマトよりは昆虫により交雑しやすいので、そばにトウガラシなどがある場合は花に袋をかけるとよいでしょう。

採種・保存

丈夫でその品種の標準的なよい形状の実がなる株を選び、採種果実を残します。青果物は未成熟の緑色の果実を収穫しますが、採種果は種が完熟するまで完熟させて取ります。

ピーマンは完熟すると真っ赤になるのですぐわかります。大型完熟ピーマンであるパプリカには黄色やオレンジ色に熟すものもあります。パプリカはもちろん、真っ赤になったピーマンは甘くておいしいものです。

種は皮を破くと、そのまま種が取り出せます。皿などに広げて十分天日乾燥をさせ、紙袋や布袋などに入れて冷蔵庫で保管します。

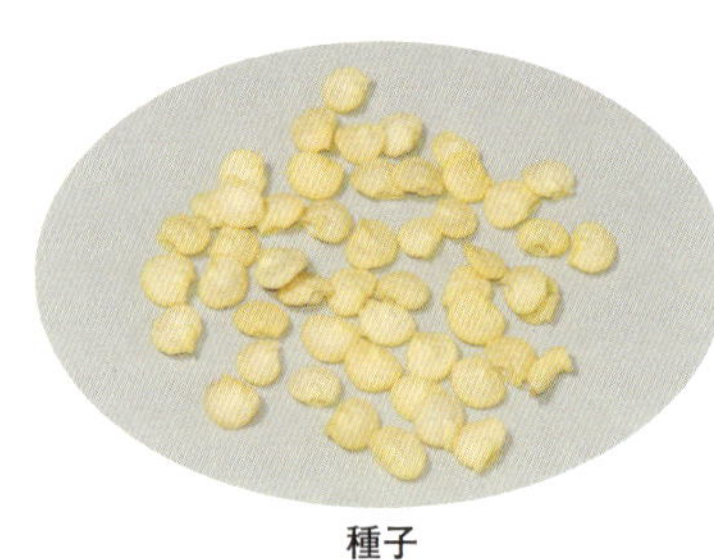

種子

作業暦　●種まき　■植えつけ　■収穫　●●●種採り

	1月	2月	3月	4月	5月	6月	7月	8月	9月	10月	11月	12月
種まき		●										
植えつけ				■								
収穫						■	■	■	■	■	■	
種採り									●●●			

トウガラシ

唐辛子／ナス科トウガラシ属
原産地＝熱帯アメリカ

系統・品種

鷹の爪、日光トウガラシ（栃木）、ひもトウガラシ（奈良）、伏見甘長（あまなが）、万願寺などの在来種、固定種があります。

鷹の爪の結実

鷹の爪の熟した果実

伏見甘長（左上は開花）

栽培のヒント

トウガラシの栽培はピーマンとまったく同じですが、鷹の爪や日光トウガラシなど種類によっては支柱はいらないでしょう。以前、沖縄島（しま）トウガラシを栽培したとき、果実は小さいのに1mを超える大木のようになり、支柱なしでも自立していました。トウガラシより辛いハバネロは、支柱がないと枝が折れてしまったことがありました。

ピーマン同様に自家受粉しますが、訪花昆虫により交雑することがあります。とくにピーマンやシシトウがそばにあるときは花に袋をかけるか、防虫網で株を覆って交雑しないように注意します。距離を離してもハチやアブは飛んできますから、隔離するのがいちばんです。

採種・保存

高温乾燥下では着果不良や正常な果実がつかないことがあるので、採種は真夏になる前、または秋におこなうかを決めるようにしたほうがよいでしょう。それとトウガラシは辛味成分がなければ価値がないので、選抜するときには念のため、食べてみて辛味を確認します。

真っ赤に完熟した果実から採種し、紙袋などに入れて保存しますが、そのまま軒先などにぶら下げ、翌年種をまくときに種を取り出す方法もあります。

果実と種子

作業暦　● 種まき　■ 植えつけ　■ 収穫　●●● 種採り

作業	1月	2月	3月	4月	5月	6月	7月	8月	9月	10月	11月	12月
種まき		●										
植えつけ				■								
収穫							■	■				
種採り										●●●		

ナス

茄子、茄／ナス科ナス属
原産地＝インド東部・東南部

系統・品種

一般的な中長種には真黒、深谷などがあります。このほか、長ナス（仙台長、久留米大長など）、水ナス（泉州水など）、米ナス、小ナス（十全、民田など）、丸ナス、巾着ナス、青ナス（埼玉青大丸など）など地方ごとに在来種、育成種があります。

筆者は2年前から自称「ベランダ農夫」の安藤康夫さんからイタリアンナスの種をいただき栽培してみたところ、明るい紫色の巾着のような形のかわいらしいナスが取れました。肉質は緻密でとてもおいしいので気に入りました。その品種の原名は「Violetta di Firenze」という固定種なのです。当然、自家採種をしています。

栽培のヒント

ナスの育苗はトマトと同じように2月に12㎝ポットに20粒ほど種をまいて25℃の育苗床で発芽させ、本葉が1・5枚のころ、胚軸を地ぎわで切って断根し、天恵緑汁の500倍液に1時間ほど浸してから6㎝ポットに育苗培土を入れて一本ずつ挿し木します。発根してからは、徒長しないように徐々に温度の低い場所へと移動させ、がっちりした苗に仕立てます。

植えつけは霜の心配がなくなった4月下旬ごろに、株間50㎝ぐらいで根鉢が2㎝ぐらい浮き出るぐらいの浅植えにします。雨よけはなくても大丈夫です。背丈ほどの園芸支柱を立て、上に横渡しした支柱から紐支柱をたらします。その紐に枝を誘引します。誘引といっても園芸支柱に紐で結わくのとは違い、紐支柱に巻いていくだけなので簡単です。

種子（イタリアンナス）

作業暦　種まき　植えつけ　収穫　種採り

1月　2月　3月　4月　5月　6月　7月　8月　9月　10月　11月　12月

トマト同様、自家受粉で交雑の確率は低い、といってもゼロではありません。完璧をきしたければ、花に袋をかけましょう。授粉は電動歯ブラシのバイブレーターの振動授粉で十分です。ナスも青果物は未成熟で収穫しますが、採種果は種が実るまで完熟させる必要があります。

元気のよい株で標準的な果実がなったものから採種果を決めて、残します。採種用に残した果実は、みるみる青果物用の果実の大きさをはるかに超えて大きくなります。つやのある紫色

種採りのポイント

果肉から種を取り出す

茶漉しで種と水を分離する

種を広げ、天日乾燥

中長種の真黒茄子

開花（9月）

秀明緑ナス

巾着形のイタリアンナス

だった果皮の光沢がなくなり、褐色を帯びてくれば完熟です。

採種・保存

採果してさらに追熟させます。皮がしなびてきたころ種を取り出します。

しなびてやわらかくなった採種果を切り、果実を水の中で揉みながら種を出します。種は水に沈みます。果肉は水に浮くので、取り除くのは簡単です。種を揉みだしているうちに、水は褐色に変色してきます。酸化しているのでしょう。

その後、水を入れながら上澄みを捨てていきます。上澄みがきれいになったら、種を茶漉し網で受けると水と分離して取り出せます。

取り出した種はキッチンペーパーなどに広げ、天日乾燥します。途中、種がペーパー上に重なり、種同士がひっつくのでほぐします。十分乾燥したら紙袋などに入れて冷蔵庫で保管します。

キュウリ

胡瓜／ウリ科キュウリ属
原産地＝インド西北部

系統・品種

加賀太、奥武蔵地這、ときわ地這、相模半白、上高地、聖護院青長、神田四葉などの在来種、固定種があります。

栽培のヒント

キュウリは、3月に入ってから種をまきます。本葉1枚のころ、トマトと同様に胚軸断根挿し木による育苗ができますが、挿し木後数日間は枯れてくた～っとなるのでだめかと思うと1週間から10日もすると発根してピンとなります。やはり胚軸挿し木で植物共生細菌を取り込んだほうが丈夫に育ちます。

　また、ウリ類は胚軸が徒長しやすいので発芽後は発芽床に長く置かず、早めに15℃ぐらいの温度の低い場所に移して徒長しないように心がけます。

　植えつけは霜の心配がなくなってからおこないますが、以前4月28日に植えても遅霜で枯れたことがありました。心配なときはポリトンネルを被覆したりして対応する必要があります。しかし、時期的に光線が強くなっていきます。逆に日中暑くなると苗が焼けてしまうことがあります。ポリトンネルは様子を見ながら開け閉めが必要です。育苗から植えつけまで温度管理にはなにかと気を遣います。

　キュウリをはじめウリ類には、コンパニオンプランツ（ある目的のため、2種類以上を組み合わせて植える作物）としてネギを植えておくと病気に強くなります。植えるときはマルチ（地面にフィルムなどを敷いて作物を栽培すること）に園芸支柱でネギ苗の3分の2ぐらいの深さの穴をあけ、落とし植えをするのが簡単です。

種子

作業暦　● 種まき　■ 植えつけ　■ 収穫　●●● 種採り

1月 2月 3月 4月 5月 6月 7月 8月 9月 10月 11月 12月

　ウリ類に共通するのは、雄花と雌花があることです。それにキュウリには、単為結果といって授粉しなくても果実が太る性質があります。種が入っていると思って採種果として完熟させたものを切ってみたら種がなかったということがないように、採種果については雄花の花粉を雌花の柱頭に確実に授粉させる必要があります。

　元気のよい株から形のよい果実を選んで採種果にします。果菜類すべてにいえることですが、最初の果実はならせないか、大きくならないうちに収穫

種採りのポイント

採種果を二つ割りにする

水につけて発酵

種をかき出す

種を広げ、十分に天日乾燥させる

雌花（四葉キュウリ）

イボの多い四葉キュウリ

在来種の青大キュウリ

収穫果（上）と採種果（相模半白）

収穫期の半白キュウリ

したほうが株の勢いがついて旺盛に育ちます。採種果は、生育中ころの株が元気なときに着けるようにします。

採種・保存

キュウリも青果物としては未成熟で収穫しますが、採種果は完熟するまでならせておきます。バットのように太くなって完熟すると黄色くなります。完熟した採種果を取り、風通しのよいところで10日間ぐらい追熟させておきます。

採種するときは採種果を縦に二つ割りにして種をわたもろとも取り出し、水につけて丸一日発酵させます。すると種のまわりの滑り（ぬめ）が取れ、種が沈みます。実の入っていない粃（しいな）やわたは浮くので取り除き、水ですすいで沈んだ種を取り出し、キッチンペーパーなどに広げ、天日で乾燥させます。

途中で種同士がひっついていたら、ほぐしておきます。十分乾燥したら紙袋などに入れ、冷蔵庫で保存します。

スイカ

西瓜／ウリ科スイカ属
原産地＝アフリカ西南部

系統・品種

大玉で緑に黒い縞の大和、縞なしの旭大和、小玉の夢枕、乙女、小玉で黄肉の嘉宝などがあります。

栽培のヒント

スイカの種は、3月中旬にまいて4月下旬ぐらいが植えつけ時期になります。発芽床は25℃で発芽させ、本葉が1枚出たら胚軸挿し木でポットに1本ずつにします。1週間で発根し生長を始めます。徒長しないようにがっちりと育てて植えつけます。

植えつけは4月下旬ごろです。スイカはネギやタマネギの跡に栽培するとよくできる、といわれます。そのような条件の場所があれば、そこに植えてみるとよいでしょう。堆肥をたっぷり入れ、ボカシ、草木灰を入れ、畝を立ててマルチを張ります。初期は雨よけがあったほうが病気になりにくく、生育がよくなります。植えつけの株間は1m以上にします。植えつけ時、本葉が4～5枚まであれば、親蔓の芯を止めて側枝を3～4本出させます。本葉が4～5枚までなければ、植えた後で摘心（枝や蔓の先端＝生長点を摘み取ること）します。

蔓は1方向に伸ばすほうが、管理しやすくなります。蔓が伸びる側には防草シートを張っておくと草ぼうぼうにならず、さらに管理がしやすくなります。

蔓が風でフラフラしないように固定するために、蔓が伸びる方向に敷きわらをします。敷きわらは稲わらが手に入ればよいのですが、そうでない筆者は毎年ライ麦を育て、土づくり兼敷きわらに使うことができます。巻き蔓がわらをつかんで伸びていきます。初期の雌花は株ができるまでの間、15節ぐらいまでは着果させずに摘み取ります。

交配は15節以降の雌花にできるだけ早朝、複数の雄花の花粉を人工授粉します。受粉後、上を向いていた雌花は果実を下に向け肥大が始まります。確実な着果まで初期は不安定で、触ると黄色くなって枯れることがあるので、触らずにそっとしておきます。果実が卵大になったら、尻にマットなどを敷きます。採種をするため充実させるの

種子

作業暦　●種まき　■植えつけ　■収穫　●●●種採り

1月	2月	3月	4月	5月	6月	7月	8月	9月	10月	11月	12月
		種まき	植えつけ	植えつけ		収穫	収穫・種採り				

種採りのポイント

2～3日置いてから切り分ける

開花（雌花、6月）

植えつけ後の苗

コップに入れて水選

食味を確認後、採種

収穫期のスイカ

種を広げて天日乾燥。さらに陰干しをする

種が黒くなっている

熟した桜西瓜

で、着果数はならせすぎないように余分な果実を摘果します。一株3～4果なら充実した果実がなります。

スイカの熟期は天候にもよりますが40日前後。小玉で30～35日、大玉で40～45日ぐらいです。熟したら果実の付け根のひげ蔓が枯れます。たたくと若いころコンコンとした音が、タプンタプンというような鈍い音になります。収穫して、ほとんどの種が黒くなっていれば完熟です。

採種・保存

採種のためには2～3日置いてから、食味を確認しながら採種します。食べながら種を出していきます。

採った種は水洗いしてコップの水に入れ、水選する。沈んだ種の種皮についた糖分などを洗い流し、キッチンペーパーに広げて天日乾燥させます。さらに1週間ほど陰干しをし、紙袋や布袋などに入れ、冷蔵庫で保存します。

メロン

ウリ科キュウリ属
原産地＝東アフリカ

系統・品種

淡緑球型のみずほニューメロン、小型で甘い網干（あぼし）メロン、甘みの強いタイガーメロンなどの固定種があります。

栽培のヒント

かつて筆者は種苗会社入社早々、アイボリーメロンの普及販売に携わるチームに所属。なんとメロン栽培をしたこともないのに、栽培の説明に行ったりしていました。

その後、１９８１年、屋根の上にビニールハウスをつくったので、そこで待望のアイボリーメロンを大きな杉板のプランターで栽培しました。順調に生育し、着果もうまくいき、大きなメロンがごろごろなりました。

完熟のアイボリーメロンを食べると味は絶品でした。現在、アイボリーメロンは販売中止になっていて姿を消したのが残念です。

その後、育苗温室でいろいろなメロンを栽培して楽しんでいましたが、最近はブルーベリー園にある雨よけ防虫ハウスで栽培するようになりました。

メロンは雨にあたると病気にもなりやすく、日本の梅雨には適さないのです。雨よけする効果は絶大です。たとえハウスでなく、ポリトンネルにしても効果はあります。ただし、換気には注意が必要です。

ハウスメロンの開花（雌花、６月）

追熟後に採種

収穫果

採種・保存

交配後、収穫までの日数は50～60日です。追熟させてから種を取り出し、水選後、キッチンペーパーに広げて天日乾燥。紙袋や布袋などに入れ、冷蔵庫で保管します。

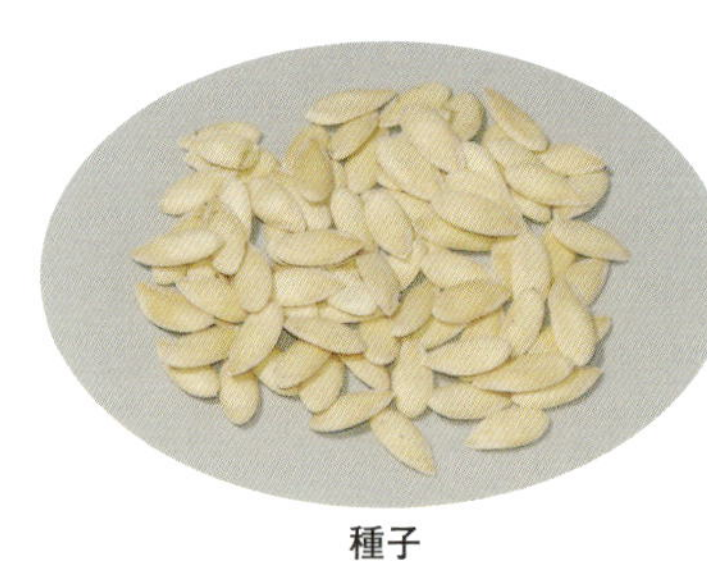
種子

作業暦　●種まき　■植えつけ　■収穫　●●●種採り

1月	2月	3月	4月	5月	6月	7月	8月	9月	10月	11月	12月
		種まき	植えつけ			収穫・種採り					

マクワウリ

甜瓜、真桑瓜／ウリ科キュウリ属
原産地＝中近東、東南アジア

甘いタマゴウリ

開花（甘露甜瓜、７月）

甘露甜瓜の結実

系統・品種

マクワウリもメロンの仲間です。甘露甜瓜（かんろまくわうり）、はぐら瓜（青）、桂大長白瓜などの地域の在来種があります。

ある日、ネットで知り合った岡山の方から代々受け継がれているというタマゴウリというマクワウリの種をいただきました。栽培してみると卵より一回り大きく、長めの果実がごろごろなります。果皮が緑色から白くなって完熟したものを食べると、果肉は白く薄いものの糖度が高く、とてもおいしいものでした。

栽培のヒント

栽培は一般のメロンより雨には強いとはいえ、雨ざらしよりは雨よけ下のほうが安心して栽培できます。3月中旬ごろ、種をまいて育苗します。植えつけ時、またはその後本葉4～5枚時に親蔓の芯を摘心して子蔓を3～4本伸ばします。

蔓の進行方向には、敷きわらをして蔓を誘引します。株元周辺には穴をあけ、ネギ苗を落とし植えしておけばコンパニオンプランツになります。

種子（タマゴウリ）

作業暦　●種まき　■植えつけ　■収穫　●●●種採り

1月	2月	3月	4月	5月	6月	7月	8月	9月	10月	11月	12月
		種まき	植えつけ			収穫・種採り					

採種・保存

果実は交配後30～40日で取れます。4～5日追熟させておいて採種します。種はいっぱい入っています。本来は取り出した種やわたを1日発酵させてから採るのですが、その場で水に入れても種は沈み、わたは浮くのですぐに分離できます。キッチンペーパーに広げ、天日乾燥させます。よく乾燥したら紙袋やチャック付きポリ袋（乾燥剤同封）に入れ、冷蔵庫で保存します。

カボチャ

南瓜／ウリ科カボチャ属
原産地＝アメリカ大陸

系統・品種

東京、打木赤皮（うつぎあかがわ）、小菊、ちりめん、甘栗、つるくび、日向（ひゅうが）、そうめんなどの在来種があります。京野菜の鹿ケ谷（ししがや）南瓜は、大きな実でひょうたん型です。

カボチャは、家庭菜園には大玉種よりも一株でたくさんなる食べきりサイズのミニカボチャのほうが向いているかもしれません。

余談になりますが、以前、ある偉い先生に坊ちゃんカボチャの種をさしあげたところ、とてもよくできたと喜ばれました。それから2年目のこと、今度は坊ちゃんカボチャの種を自家採種してまいた結果、8種類に分離したと笑いながらおっしゃっていました。やはり一代交配種は雑種2代目に分離すると身をもって体験されたわけです。

もう一つ坊ちゃんカボチャの品種特性の例をあげると、ミカン園に放任栽培で蔓を伸ばし放題にしたところ、一株から50個も取れたというエピソードも耳にしたことがあります。一代交配種は揃ったものがいっぱい取れる魅力もありますが、翌年生産の自家採種には向きません。

カボチャ畑（10月）

栽培のヒント

カボチャの種まきは3月中下旬に温床でポットにまきますが、ウリ類全般に発芽促進する方法があります。それは発芽口をあけてやるのです。そうすると無処理のものより1日早く芽が出ます。発芽口はペンチなどで挟み割りしますが、力がかかりすぎると種が潰れるので注意が必要です。筆者は2枚の木の板と蝶番でテコの原理で発芽口をあける「たねわりてこちゃん」という小道具をつくっています。

断根胚軸挿しをしてもしなくても、12㎝ぐらいの大きめのポットで育苗します。カボチャは生育が早く、小さなポットではすぐ葉が黄色く老化してしまいます。老化した苗からはりっぱな株になりませんから、老化させないように注意しながら育苗し、晩霜の心配

種子

作業暦　● 種まき　▬ 植えつけ　▬ 収穫　●●● 種採り

1月	2月	3月	4月	5月	6月	7月	8月	9月	10月	11月	12月

種採りのポイント

果実を割り、種を取り出す

果実（在来種）

カボチャの人工授粉

水分を落とす

手で揉み、粘膜をとる

ちりめんの果実

種を広げ、十分に乾燥させる

収穫果を追熟させる

がなくなってから植えつけます。

株元に近い雌花は落とし、株の勢いがついてから実をつけます。授粉は、早朝に雄花の花粉を雌花の柱頭につけます。完熟の印は、果柄部にコルク状のシワが入るのでわかります。完熟しているので種もできています。

採種・保存

元気な株から形のよい果実を採種果とします。収穫後は2週間ほど室内で追熟させてから種を採ります。

水洗いしますが、水に沈む種もあれば、充実していても水に浮くものもあるので、見た目で未熟とわかるものは取り除きます。

手で揉みながら薄い粘膜などを洗い落としたあと、ざるなどに入れて水分を落とし、広げてのせます。

よく乾燥させて紙袋などに入れ、冷蔵庫で保管します。

ニガウリ

苦瓜／ウリ科ニガウリ属
原産地＝熱帯アジア

開花（雄花）

雌花の果実が発育

系統・品種

沖縄あばし苦瓜、太れいし、長れいし、沖縄純白ゴーヤー、さつま大長苦瓜などの在来種があります。

栽培のヒント

最近は、緑のカーテンなど夏の日よけで重宝がられているニガウリです。小さなプランターの栽培では根域が制限される場合もあります。やはり地面に根を降ろさせてのびのびと栽培すれば、容易に日よけにもなります。順調に生育すると、一株でも食べきれないほどいっぱいの果実がなります。

ニガウリは寒さには弱く、加温育苗しても他のウリ類よりは生育が緩慢です。ということで種まきは3月より、むしろ4月まきの5月植えつけぐらいがちょうどよいでしょう。種は硬い皮がついていますので、発芽口をあけてやると発芽しやすくなります。発芽床温度は25℃にして、発芽後は徐々に温度が低い場所へ移動させ、慣らしていきます。

たくさんの株を植えることもないので小さな畝に堆肥、ボカシ、草木灰を入れて盛り上げたところごとに一株ずつ植えます。

当初は細い蔓がひょろひょろ伸びてきますが、紐支柱をできるだけ頑丈な支柱に張って這わせるようにします。

7月後半梅雨明け後の真夏からの勢いはすごいものがあり、つぎつぎと果実もなり始めます。蔓は放任します。

筆者は毎年ブドウ棚にブドウと共存させていますが、10月ごろまでよくなります。アーチ型のキュウリ支柱は丈夫なので、そこにキュウリネットや紐支柱を張ってもよいでしょう。19㎜のパイプでできたキュウリ支柱は2本セットで上でつなぐ方式で、組み立ても片づけも簡単なのでおすすめです。

雌花は、小さなニガウリがついていてすぐわかります。それにしても雄花、雌花の果柄は、極細という印象で

種子

作業暦　● 種まき　■ 植えつけ　■ 収穫　●●● 種採り

1月 2月 3月 4月 5月 6月 7月 8月 9月 10月 11月 12月

つぎつぎと果実がなり始める

今や緑のカーテンの定番野菜

種採りのポイント

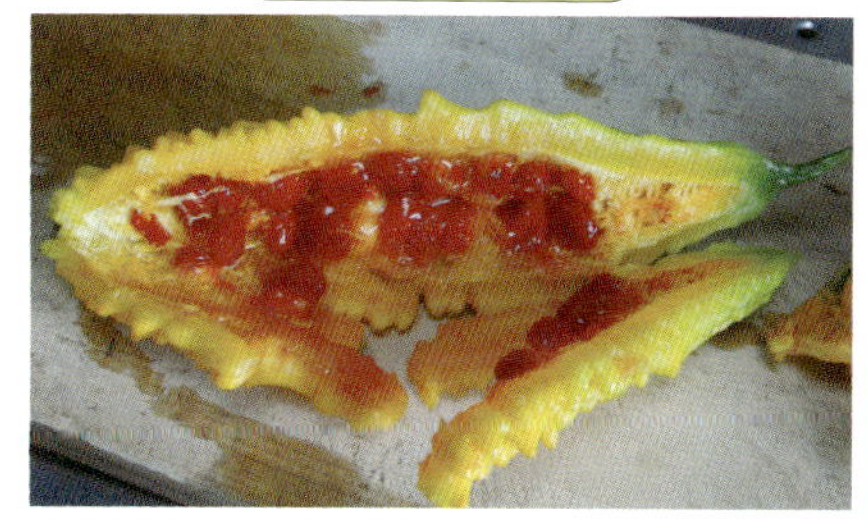
熟果を割り、種を取り出す

種を出し、乾燥させる

赤いゼリーを取り除く

採種用果実

ニガウリの結実

す。他品種を同時に栽培しているわけでもないので、人工授粉はしなくてもよく、形のよい果実を選んで採種果として残します。

採種・保存

完熟すると真っ黄色になるので、すぐわかります。そのままにすると破裂して皮がめくれ、中から赤いゼリー状物質に包まれた種が見えてきます。ニガウリは、その大きさのわりには中に入っている種の数はきわめて少ないのも特徴です。

皮がそっくり返って種が落ちてしまう前に果実を取り、種を取り出します。種のまわりの赤いゼリー状のものは食べられ、ほんのりとした甘さがあります。水の中で赤いゼリーを取り除くと種が出てきます。

キッチンペーパーに広げて天日乾燥をし、その後陰干しをし、紙袋やポリ袋（乾燥剤同封）などに入れ、冷蔵庫で保管します。

オクラ

秋葵／アオイ科トロロアオイ属
原産地＝アフリカ北東部

系統・品種

丸莢の八丈オクラ、島オクラ、エメラルド、五角莢の東京五角オクラ、クレムソンなどがあります。

オクラについては、もう10年以上前に岐阜のメル友からいただいた島オクラを毎年採種して維持しています。島オクラは細長い丸莢が特徴。少しぐらい大きくなってもやわらかく、おいしく食べられるのが魅力です。

初夏から盛夏にかけて開花

栽培のヒント

オクラは生育温度がある程度ないと生長しないので、5月に入ってから種をまきます。もちろん3月に温床にまいて育苗し、5月の連休ごろに植えることもできますが、じかまきのほうが楽です。栽培のポイントは密植です。1か所に1本だけ独立させて栽培すると太く立派な大木にはなりますが、その割に各節に1本ずつしかならないので収量が少なくなるのです。

畑には堆肥、ボカシ、草木灰を入れ、幅70㎝高さ10㎝の畝を立て、マルチを張ります。マルチは9515などの穴あきマルチにして、種は一穴に3～4粒ずつまきます。発芽までは鳥に食われないように不織布などをべたがけしておきます。発芽して本葉が出てきたら鳥よけの不織布は外します。

発芽しても、そのまま間引きはせずに伸ばします。オクラはネコブセンチュウに寄生されやすく、抜いてみたら根っこがコブだらけだったことがあります。その後はネコブセンチュウを抑制するため、アフリカンマリーゴールドを混植しています。アフリカンマリーゴールドは、根から出る成分でセンチュウを減らします。オクラにとってはコンパニオンプランツです。

やがて7月に入るとハイビスカスのような薄黄色のきれいな花が咲き始

種子

作業暦 ●種まき ■植えつけ ■収穫 ●●●種採り

作業	1月	2月	3月	4月	5月	6月	7月	8月	9月	10月	11月	12月
種まき					●							
収穫							■	■	■	■		
種採り									●	●		

種採りのポイント

吊るして乾燥させる

莢に詰まっている種

莢をこじあけ、種を取り出す

東京五角オクラ

採種用を完熟させる

株の成長

島オクラの結実

丸莢オクラの収穫果

め、莢がどんどんなり始めます。すぐに大きくなるので採り遅れないようにします。10㎝ぐらいの莢をハサミで摘み取ります。莢を摘んだら、その下の葉はいらないので摘み取って風通しをよくしておきます。そのまま収穫を続けると、秋には2m近くまで伸びて、10月まで収穫が続きます。

採種・保存

採種用は取り残した莢をそのまま完熟させればよく、いくつかの莢を残しておきます。

秋になって莢が緑色から淡褐色に変わったら莢をはさみで切り取り、紐で結んで雨にあたらない風通しのよいところに吊るして乾燥させておきます。そのまま種まき時期まで置いてもよく、莢をこじあけて脱粒し、紙袋や布袋、瓶（乾燥剤同封）などに入れて保存してもよいでしょう。莢の中には黒く丸い種がぎっしり並んで入っています。

ゴマ

胡麻／ゴマ科ゴマ属
原産地＝熱帯アフリカ、インド

系統・品種

ゴマには白ゴマ、黒ゴマ、金ゴマ、茶ゴマなどの種類があります。

栽培のヒント

以前、近くで3種類つくったら、収穫のときに混ざってしまい、混合になってしまったことがあります。それ以来、金ゴマだけをつくっています。

混植連続栽培なら、前作の収穫跡の穴に点まきし、伸びてきたら5本ぐらいに間引くだけでつくれます。また、サツマイモの畝に混植しておくとサツマイモの蔓は地面を這い、ゴマは立ち上がるので、うまく棲み分けて栽培できます。

薄紅色の花が咲く（7月）

ゴマだけをつくるなら、マルチはなくてもかまいません。5月の下旬ごろ三角ホウで深さ数cmのまき溝を掘ります。2条なら条間は45cmぐらいでよいでしょう。溝の底へ条まきに種を落とします。

芽が出たら隣同士がぶつからない程度に1回間引きます。さらに伸びたら、またぶつからない程度に順次間引きながら最終的には株間20cmぐらいにします。一挙に間引くとネキリムシなどが出たときに全滅ということもあるので、徐々に間引いたほうが安全です。場所があれば間引いた苗を捨てずに移植するとよく根付きます。

最終的な間引きをした後には草取りも兼ねて中耕し、根元に土寄せをします。ゴマは草丈2mぐらいになるので土寄せにより強い風などで倒れにくくするのと、根には酸素が与えられ元気に育ちます。

暑い夏にはぐんぐん伸び、各節ごとにきれいな薄紅色の花が咲きます。8月の終わりごろまで咲き続けますが、そのころ先端を花ごと摘心して下の莢を充実させます。下のほうの莢が枯れ、弾けたときが刈り取りの適期です。うっかりそのままにすると莢が弾け、畑に落ちてしまいます。剪定ばさみなど

黒ゴマの種子　　金ゴマの種子

作業暦　●種まき　■植えつけ　■収穫　●●●種採り

	1月	2月	3月	4月	5月	6月	7月	8月	9月	10月	11月	12月
種まき					●							
収穫									■			
種採り									●●●			

種採りのポイント

2～3週間、乾燥させる

莢が割れ、弾け始める。いよいよ刈り取りの適期

金ゴマの生育

逆さに吊るし、たたいて種を落とす

篩にかけたりして夾雑物を取り除く

刈り取る（9月）

で茎を切って収穫します。

採種・保存

収穫した枝は天地をそのままに立てて、倒れないように紐などで縛って、雨のあたらないところで2～3週間乾燥させます。その間にも弾けてこぼれることがあるので、防虫網やシートなどを敷いておくとよいでしょう。

十分乾燥すると莢が黒ずんで割れて、上からゴマが見えるようになります。シートや大きめの容器の上で、枝ごと逆さまにしてとんとんたたくと雨が降るようにざーっとゴマの種が落ちます。これがおもしろくてやみつきになります。

夾雑物が入り込んでいるので、2㎜目の篩（ふるい）にかけ、平たい容器に入れて息を吹きかけ、夾雑物を飛ばして取り除けば脱粒完了です。そのまま瓶やポリ袋（いずれも乾燥剤同封）などに入れ、食用兼翌年用種子として冷蔵庫で保存します。

トウモロコシ

玉蜀黍／イネ科トウモロコシ属

原産地＝メキシコからグアテマラにかけての地域

系統・品種

ゆでてもちもちする白、黒、黄のもちとうもろこし、幼果を焼いて醤油をつけて食べる甲州とうもろこし、フライパンではぜるポップコーンなどの在来種、育成種があります。

栽培のヒント

毎年、狭い貸し農園であってもトウモロコシを栽培しています。今までは3月中旬に種をまいて、芽が出たら1本に間引くやり方をしていました。3月はまだ寒いので種をまいてもなかなか芽が出ません。

そこで3月初めに12㎝ポットに30粒の種をまき、温床で発芽させたものを3月中旬に畑に1本ずつ2列に植えてみました。苗は10㎝ほどに育ちました。トウモロコシの間には2月まきのミニレタスを、外側にはチンゲンサイの苗を混植し、ユーラックカンキ（トンネル用フィルム）の被覆をかけました。

その後は間引きも不要。トウモロコシはすくすくと伸び、4月下旬にはトンネルを外しました。5月上旬には雄穂（雄花）が見え始め、5月下旬になると雄穂には黒いアブラムシがいっぱいいたかっていました。

さらによく観察すると、たくさんのテントウムシがいたのです。何カップルかは交尾もしていました。5月下旬、テントウムシはさらに増え、トウモロコシの葉には橙色のテントウムシの卵を産みつけました。テントウムシはトウモロコシの花粉を全身に浴び、粉だらけでした。

トウモロコシの雌穂（雌花）は、一般に雄穂より遅れて出てきます。トウモロコシは風媒花なので、家庭菜園のような面の広がりのない栽培の場合には人工授粉が有効です。雄穂を摘み、絹糸状の雌穂に授粉してやります。5月末に最初の授粉をしました。

いっぱいいたテントウムシの幼虫は、成虫よりも明らかに食欲旺盛でアブラムシをたくさん食べます。その後、あれだけいたアブラムシは完全に消滅したのです。

トウモロコシの害虫には、アワノメイガがいます。茎や葉鞘、実の中まで

乾燥トウモロコシと種子

作業暦　●種まき　■植えつけ　■収穫　●●●種採り

1月　2月　3月　4月　5月　6月　7月　8月　9月　10月　11月　12月

徐々に粒が硬化

吊り下げて乾燥

粒が十分に乾燥、硬化した状態

粒を手でほぐしながら脱粒する

種採りのポイント

絹糸状の花柱が伸びる雌穂

先端につく雄穂

収穫期のトウモロコシ

幼虫が入り込み、食害するので厄介です。主な侵入口は雄穂といわれているので、授粉後にいらなくなった雄穂をすべて摘んでしまいます。摘むことで、アワノメイガの侵入も防ぎます。さらには風の抵抗も少なくなるので、強風で倒れにくくなります。

今まで、じかまきの場合は7月に入ってからの収穫でしたが、移植栽培では2週間早く収穫できるという結果になりました。

採種・保存

青果用は未成熟収穫なので、採種用とするためには、さらに粒が充実するまで置きます。莢が緑色から淡褐色に枯れてきたら取って皮を開いて束ね、雨があたらない風通しのよい場所に吊り下げ、乾燥させます。十分に乾燥したら粒を手でほぐしながら脱粒し、冷暗所などで保管します。

イチゴ

苺／バラ科オランダイチゴ属
原産地＝南アメリカ、北アメリカ

系統・品種

宝交早生、女峰、とちおとめ、紅ほっぺ、四季成り性品種などがあります。

栽培のヒント

イチゴの種は、果実のまわりについているつぶつぶです。種から育てることもできますが、それは元のものではない品種になります。品種を維持するためには、ランナー（親株から伸びた茎で匍匐枝、匍匐茎ともいう）で増えた子苗を取って、つぎの世代の栽培をします。

栄養繁殖といわれる増殖をするものにつきまとうのが、ウイルス病の感染です。そこでウイルスを取り除く茎頂培養という方法でウイルスフリー苗（メリクロン苗ともいう）がつくられ、実用化されています。ウイルスフリー苗は高価であるため、それを親株に利用して子苗を生産用の苗にするのが一般的です。

冬に休眠したイチゴは春に花が咲いた後、生長点（茎や根の先端部）はランナーに変身して子苗をつくりはじめます。親株から出る複数のランナーは複数の子苗をつくります。通常、2番目以降を採苗します。

ランナーの先が上を向き、葉が出てきて根が出ます。根が出てから採苗するのがふつうですが、まだ根が出ないランナーの先端を3cmほど切って挿すと、簡単に苗がつくれます。

育苗箱に赤玉土を入れて切ったランナーを発根部まで挿して水やりを欠かさないと、1か月ほどで十分発根します。葉の下の曲がった部分から発根してきます。

それを9cmか12cmポットに上げるか、畑に植えて秋まで養成します。もっともランナーを育苗箱に入れず、最初からポットに挿したらより効率的かもしれません。どちらにせよ、ランナー先端挿しの方法だとイチゴの片づけ時期が早くなり、つぎの野菜への切り替えが早くできます。

畑で養成するときは、15cm間隔の碁盤の目のように深からず浅からずの状態で植え、適宜ボカシ肥料をふって草が生えないように、株間を中耕（作物の生育期に、まわりの土を耕すこと）します。古くなった葉はクラウ

ランナー苗

作業暦　●種まき　■植えつけ　■収穫　●●●採苗

1月	2月	3月	4月	5月	6月	7月	8月	9月	10月	11月	12月
				収穫	採苗（苗づくり）	採苗（苗づくり）		植えつけ			

高畝のマルチ栽培

収穫期の果実

花は白色５弁（４月）

苗づくりのポイント

③子苗をポットに移植する

①２番目以降の子苗を切り取る

④季に苗を植えつける

②育苗箱に子苗を挿す

ン（イチゴの茎）からはぎ取るようにしてやると、新葉の展開が促進されます。秋までにクラウンを太く、根を十分張らせると、りっぱな実がいっぱいなるよい苗になります。

植えつけは秋冷の9月下旬～10月初めごろが適期です。露地栽培は、株間25㎝ぐらいに植えてマルチフィルムを張らずに越冬させます。11月ごろから休眠し、イチゴの葉は地面に寝るようになります。2月の終わりごろ、古い葉を取り除き、ボカシ肥料をやってマルチフィルムを張ります。

苗づくり

3月ごろから株が急速に伸び、花が咲きはじめます。果実を取った後の元気な株であれば、前に述べた方法でランナーからふたたび採苗し、子苗をつくることができます。

ランナーの先端挿しは株を移植し、育苗するよりも作業が簡単。しかもよい苗づくりができるのです。

セロリ

セリ科オランダミツバ属
原産地＝地中海沿岸、中近東

系統・品種

改良コーネル、ユタ、ミニセルリーなどがあります。

清楚な花が咲く

結実後、褐変

収穫期のセロリ

栽培のヒント

セロリの種は小さく、春まきの場合、25℃の発芽床でも発芽まで2週間以上かかります。また、発芽後の生育は緩慢です。

以前、1月に温床で種をまきポット移植を繰り返しながら3月に植えつけたセロリが、6月にとう立ちしたことがありました。ふつう採種用には6月か9月ごろにまいて、ポットで育苗し、堆肥、ボカシ肥料を入れて畝立てし、マルチを張って株間45㎝で植えつけます。キアゲハの幼虫がつくことがあるので、捕り除きます。

そのまま越冬して春になると、とう立ちして開花結実します。パセリに似た清楚な花が咲きます。複数の品種を栽培することは家庭菜園ではほとんどないと思うので、交雑の心配はありません。

種子

作業暦　●種まき　■植えつけ　■収穫　●●●種採り

	1月	2月	3月	4月	5月	6月	7月	8月	9月	10月	11月	12月
作業		収穫	収穫	収穫		種採り			種まき			

採種・保存

結実後、枯れた花茎から順次刈り取ります。種が小さいので枯れた後の花茎は網袋でなく、皿のような容器に入れたほうがよいでしょう。

種は手で揉んで脱粒します。調整に使う篩は、目の細かいものが必要です。台所用品の味噌漉しなどは意外と使えるものです。夾雑物があれば、そっと息をかけて吹き飛ばします。種を入れ、冷蔵庫などで保管します。

ハクサイ

白菜／アブラナ科アブラナ属
原産地＝中国華北南部・華中北部

系統・品種

早生の愛知、野崎早生、松島新二号、晩生の京都三号、半結球のちりめん白菜などがあります。

収穫期のハクサイ

結実

乾燥後、脱粒

栽培のヒント

ハクサイは8月上中旬に種をまき、苗を仕立てて本葉5～6枚のころ苗を植えつけます。早生の60日タイプから晩生の90日タイプまで品種もいろいろです。アブラナ科野菜は、系統ごとに交雑しやすいうえに、ハクサイは結球して越冬中に凍害で枯れてしまうことも多い。採種目的の場合は、植えるときから雨よけハウス内、または網室状態のところに植えると楽です。

雨よけハウス内ならまず枯れることもありません。越冬し、低温感応すると花芽ができます。

花芽は春に気温が上がってくると、とう立ちして花が咲きます。このとう立ち状態で食べるのもまたおいしいものですが、種を採るためにはそのまま花を咲かせます。

ほとんどのアブラナ科は他家受粉で、自分の花粉では受精しない自家不和合性という性質があります。そのため、採種株はかならず複数本必要です。授粉するには、ナミハナアブを採集してきて放しておきます。

種子

採種・保存

種ができて株全体が黄色くなり、やがて淡褐色になったら莢の部分を切り取り、防虫網に包んで雨があたらない風通しのよいところに干しておきます。2週間ほどで十分乾いたら脱粒します。種を紙袋などに入れ、冷蔵庫で保管します。

作業暦　●種まき　■植えつけ　■収穫　●●●種採り

1月	2月	3月	4月	5月	6月	7月	8月	9月	10月	11月	12月
収穫	収穫			種採り			種まき	植えつけ			収穫

コマツナ

小松菜／アブラナ科アブラナ属
原産地＝中国、日本

系統・品種

江戸東京野菜の丸葉小松菜、丸葉で黄緑色の城南小松菜、葉色の濃い改良黒葉小松菜、秋まきの新晩生小松菜などがあります。

栽培のヒント

コマツナは真夏でもよく生育し、ほぼ一年中まくことができ、順々にまいて切らさずに栽培すると重宝な緑黄色野菜の一つです。有機物がいっぱい入って微生物が棲む肥えた畑ではほとんど無肥料でも連続栽培ができます。

ミツバチの訪花（４月）

採種用には秋まきの株を越冬させ、翌春に種を採ります。青果用を収穫するまでに品種の特徴からかけ離れた個体があったら抜き取り、母本だけを選抜しておきます。やがて葉はどんどん大きくなるので、採種用株は株間50cm間隔ぐらいで残すようにします。

コマツナは丈夫で移植にも耐えるので、母本だけを採種する場所に植え替えることもできます。家庭菜園なので多少の交雑を気にしないというのであれば、露地でオープンに採種するのが簡単です。それでも十分実用的な種は採れます。

交雑をさせたくなければそれなりの覚悟が必要で、隔離する必要があります。冬の寒さで花芽が分化して、春の暖かさでとう立ちすると高さは１ｍを超えるので背の高い防虫網で囲むか、雨よけ防虫ハウス内などで採種をするのが確実です。採種株は多いほどよく、複数本とう立ちさせます。

授粉にはナミハナアブがおすすめです。ナミハナアブは野生で数多くおり、春先には菜の花によくやってきます。採集時には別の花粉がついていても、それは一時なのであまり気にしません。一見、ハチのように見えますが、羽は２枚で針も持たないハエの仲間で刺されることはありません。安心して素手で捕まえられます。

筆者は11月にキクの花にくるナミハ

種子（城南小松菜）

作業暦　●種まき　■植えつけ　■収穫　●●●種採り

1月	2月	3月	4月	5月	6月	7月	8月	9月	10月	11月	12月
				種採り	種採り			種まき	収穫	収穫	

種採りのポイント

弾けだした鞘を刈り取る

結実し、鞘が成熟しはじめる

春先にとう立ちする（ハウス内）

十分に乾燥、追熟する

脱粒し、篩を通したりして夾雑物を除く

収穫期のコマツナ

ナアブを採集し、車庫上温室のイチゴの促成栽培で春までイチゴの花の授粉をさせていますが、人工授粉に比べ確実な授粉で、きれいな形の実がなります。

採種・保存

授粉が終わって種が鞘に入ると、一目見てわかります。そのまま枯れるまでおいて、淡褐色になったら鞘が弾けないうちに刈り取り、防虫網に包んで雨があたらない風通しのよいところで乾かします。２週間ほどで十分乾燥、追熟したら、防虫網の上から棒でたたくか、鞘を手で揉みほぐして脱粒します。

脱粒後は２㎜目の篩（ふるい）を通すと、種と細かい夾雑物が落ちます。あとは皿などに入れて夾雑物は息をかけて吹き飛ばし、風選すると種だけが採れます。種は紙袋や布袋、もしくは瓶、ポリ袋（いずれも乾燥剤同封）などに入れ、冷蔵庫などで保管します。

チンゲンサイ

青梗菜／アブラナ科アブラナ属
原産地＝中国

系統・品種

小型の早生チンゲンサイ、中型の中生チンゲンサイなどがあります。

中国野菜でいちばん普及しているのはチンゲンサイかもしれません。ほぼ一年中栽培でき、尻の張った肉厚の茎が独特で、間引き収穫から大株収穫まで幅広い収穫期間があり、おいしい野菜です。

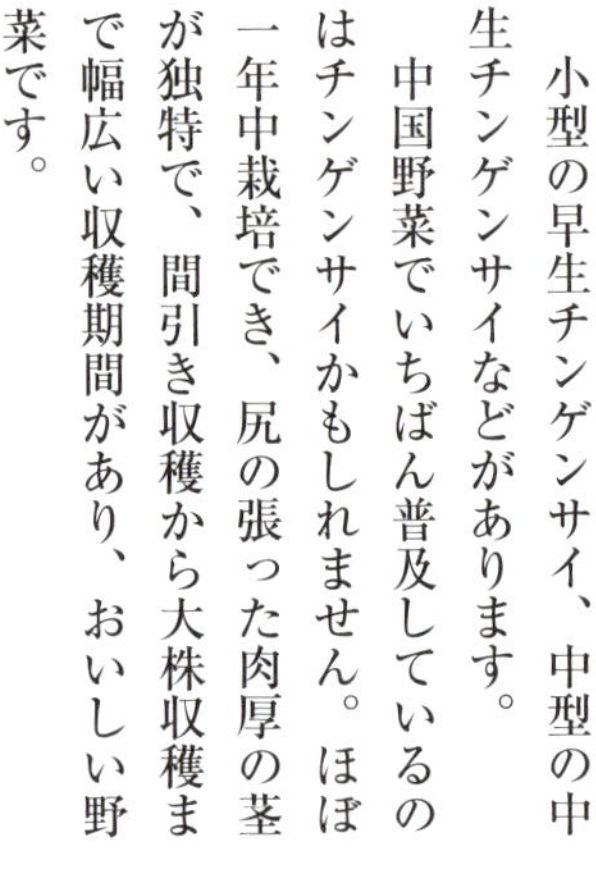

開花（4月）

収穫期のチンゲンサイ

栽培のヒント

毎年2月中旬にまいて、同時にまいたキャベツ、ブロッコリー、カリフラワー、ハクサイなどと3月中旬に混植するとチンゲンサイが先に取れ、その後キャベツなどが畝いっぱいに広がっていくので、狭い家庭菜園を有効に利用する混植素材としておすすめです。

採種用は秋まきのものを越冬させ、低温感応させてから春にとう立ちするのを待ちます。

とう立ちする前に、交雑しないように防虫網を張って囲うか、雨よけ防虫ハウス内に採種株を複数本植えておきます。授粉はナミハナアブに任せます。

採種・保存

種ができ、淡褐色に鞘が枯れたら刈り取って防虫網に包んで、雨があたらない風通しのよいところで乾燥させます。

２週間後、鞘から種を脱粒して2㎜目の篩を通して大きな夾雑物を取り除き、種と細かい夾雑物を下に落とします。さらに皿などに入れ、細かい夾雑物だけを息をかけて吹き飛ばし、種だけを残すようにします。種は瓶（乾燥剤同封）か紙袋などに入れ、冷蔵庫で保管します。

種子

作業暦　●種まき　植えつけ　収穫　●●●種採り

1月	2月	3月	4月	5月	6月	7月	8月	9月	10月	11月	12月
				●●●（種採り）				●（種まき）		収穫	

キャベツ

甘藍／アブラナ科アブラナ属
原産地＝地中海、大西洋沿岸

系統・品種

大型の札幌大球、秋まきの富士早生、三季まきでつくりやすい中生成功などがあります。

栽培のヒント

キャベツも種まき時期を変えると一年中収穫できます。採種用は7月下旬にまいて育苗し、本葉が5枚前後で9月に植える作型で冬を越させて低温感応させ、春にとう立ちさせます。

キャベツはモンシロチョウが好んで産卵するので、栽培時はアオムシに食われないように注意が必要です。

キャベツも他家受粉なので交雑しやすく、キャベツと交雑するのはブロッコリー、カリフラワー、芽キャベツ、ケール、カイラン、コールラビ、ハボタンなどです。交雑させたくないときは、とう立ち前に防虫網で囲うか、雨よけ防虫ハウスなどに植えて訪花昆虫から隔離するかして採種します。

破裂し、とう立ちする

鞘が枯れはじめる

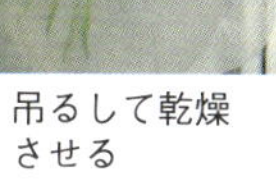

吊るして乾燥させる

乾燥した鞘から脱粒する

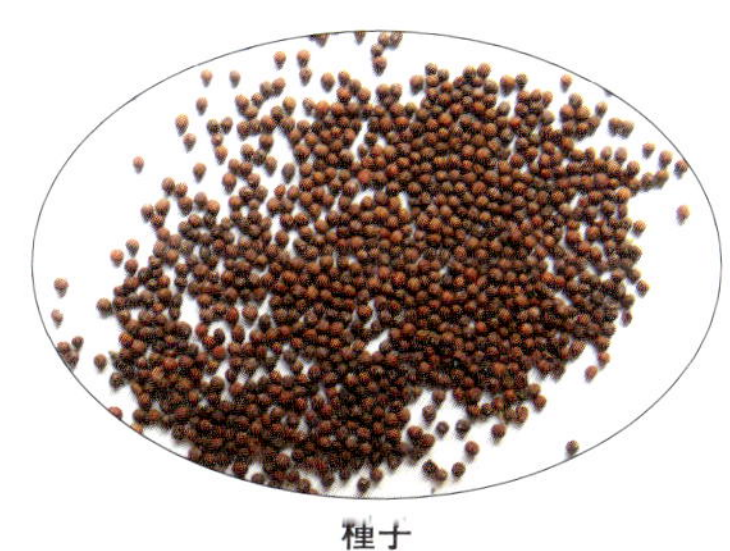

種子

作業暦（●種まき　■植えつけ　■収穫　●●●種採り）

1月	2月	3月	4月	5月	6月	7月	8月	9月	10月	11月	12月

採種・保存

種ができ、淡褐色に鞘が枯れたら刈り取って防虫網に包み、雨があたらない風通しのよい場所で乾燥させます。

2週間後、鞘から種を脱粒して2㎜目の篩を通して大きな夾雑物を取り除き、種と細かい夾雑物を下に落とします。つぎに皿などに入れ、細かい夾雑物だけを息をかけて吹き飛ばし、種だけにします。種は瓶（乾燥剤同封）か紙袋などに入れ、冷蔵庫で保管します。

カリフラワー

アブラナ科アブラナ属
原産地＝地中海東部沿岸

開花（４月）

収穫期のカリフラワー

系統・品種

定番の野崎（のざき）早生、スノーボール、緑色のミナレットなどがあります。

栽培のヒント

7月中下旬に種をまき、育苗します。ポット育苗なら7・5㎝ポットに育苗し、底穴から根が出てきたら畑に植えつけます。

筆者がよくやる方法は12㎝ポットに20～30粒まいて発芽し本葉が1～2枚のときに地に下ろし、5㎝間隔ぐらいで植え、地床育苗をするのです。本葉が数枚になったとき、フォークを挿しこんでちょっと土を起こして根切りをしてやると、新根が出て移植後の活着がよくなります。

カリフラワーは寒さにあうと花蕾が傷むので、葉を縛って花蕾に霜があたらないようにして春を待ちます。花蕾が全部開花すると多すぎるので、開いた花茎は適宜間引きます。交雑させたくないときには防虫網で囲うか、雨よけ防虫ハウス内に植えて開花させます。授粉はナミハナアブを採集してきて放します。

採種・保存

種ができ淡褐色に鞘が枯れたら刈り取って防虫網に包んで、雨があたらない風通しのよいところで十分に乾燥させます。

カリフラワーの場合も2週間後、鞘から種を脱粒して2㎜目の篩を通して大きな夾雑物を取り除き、種と細かい夾雑物を下に落とすようにします。さらに皿などに入れ、細かい夾雑物だけを息をかけて吹き飛ばし、種だけを残します。種は紙袋やポリ袋（乾燥剤同封）などに入れ、冷蔵庫で保管します。

種子

作業暦　●種まき　■植えつけ　■収穫　●●●種採り

1月	2月	3月	4月	5月	6月	7月	8月	9月	10月	11月	12月
				●●	●	●				収穫	収穫

ブロッコリー

アブラナ科アブラナ属
原産地＝地中海東部沿岸

いっせいに開花（４月）

収穫期のブロッコリー

ミツバチによる授粉

系統・品種

ブロッコリーも極早生から晩生までいろいろな品種がありますが、ドシコは固定種の定番品種です。

栽培のヒント

ふつう種まき時期は7月中下旬です。9月にまいても3月には花蕾が出ます。カリフラワーと同じように育苗し、9月に畑に植えつけます。

キャベツの仲間でモンシロチョウが産卵しにくるので防虫網などで対処します。11月以降は害虫が減りますが、年明けの厳寒期にはヒヨドリが葉を食いにきて葉脈だけにされてしまうので注意が必要です。ブロッコリーの場合は側花蕾が出るので、頂花蕾は食用にして採種は側花蕾でおこなうのがよいでしょう。とくに中生の品種は側花蕾が春まで出続けます。

キャベツやカリフラワーと交雑するので交雑させたくないときには防虫網で囲うか、雨よけ防虫ハウス内に植えて開花させます。隔離栽培の場合の授粉は、ナミハナアブを採集してきて放します。

採種・保存

種ができ淡褐色に鞘が枯れたら刈り取って防虫網に包んで、雨があたらない風通しのよい場所で乾燥させます。やはり2週間後、鞘から種を脱粒して2㎜目の篩を通して大きな夾雑物を取り除き、種と細かい夾雑物を下に落とします。つぎに皿などに入れ、細かい夾雑物だけを息をかけて吹き飛ばし、種だけにします。種は紙袋などに入れ、冷蔵庫で保管します。

種子

作業暦　● 種まき　■ 植えつけ　■ 収穫　●●● 種採り

1月	2月	3月	4月	5月	6月	7月	8月	9月	10月	11月	12月

ノラボウナ

アブラナ科アブラナ属
原産地＝日本

系統・品種

ノラボウナは東京西部や埼玉県の山麓地帯の在来種で、春にとう立ちしてくる花茎（芽）を食べます。

栽培のヒント

鞘ができる

春先の開花

吊るして乾燥させる

収穫したノラボウナ

アブラナ科でありながら特異な存在なのです。その特徴は自家不和合性でないため、自家受粉で結実し、他家受粉をしないことです。つまり、交雑の心配がなく、採種が簡単なのです。

ふつうのアブラナ科は2倍体ですが、ノラボウナは4倍体で交雑しないそうです。自家受粉で種もいっぱい採れるので、自家採種用には一株あれば十分です。

種まきは9月中下旬ごろが適期で、じかまきでも育苗してもよく、育苗は6～7・5㎝ポットで育苗し、畑に植えつけます。春には株が大きくなります。最初は食用に収穫し、5月に入ったら残りを採種用に残せばよいでしょう。東京農業大学グリーンアカデミーでもノラボウナの採種は毎年続けています。収穫祭では苗を配るのも恒例行事となっています。

種子

作業暦　●種まき　■植えつけ　■収穫　●●●種採り

1月	2月	3月	4月	5月	6月	7月	8月	9月	10月	11月	12月

採種・保存

種ができ、淡褐色に鞘が枯れたら、刈り取って防虫網に包んで、雨があたらない風通しのよいところで乾燥させます。

2週間後、鞘から種を脱粒して2㎜目の篩を通して大きな夾雑物を取り除き、種と細かい夾雑物を下に落とします。皿などに入れ、細かい夾雑物だけを息をかけて吹き飛ばし、種だけを残します。種は紙袋などに入れ、冷蔵庫で保管します。

ツケナ類

アブラナ科アブラナ属
原産地＝中央アジア、中国、日本

系統・品種

広島菜、壬生（みぶ）菜、三河島菜、野沢菜、京水菜、雪菜などが知られています。

開花（4月）

収穫期の三河島菜

鞘から種を脱粒させる

栽培のヒント

以前、ある会合で見知らぬ人から三河島菜の種をいただきました。調べてみると、三河島菜とは江戸東京野菜の一つで、荒川区ゆかりの伝統野菜です。昭和初期に絶滅したとのことでしたが、その前に仙台藩の足軽によって種が持ち出されていて仙台芭蕉菜として受け継がれていることがわかり、荒川区に逆輸入され、ふたたび復活したとのことです。

小さなうちに菜っ葉状態でも収穫でき、おいしく食べられます。本来は葉を数十cmまで大きく育て、漬け物用として利用されていたようです。

これを筆者は採種。秋に雨よけ防虫ハウスに種をまき、複数本越冬させました。3月下旬には開花が始まり、黄色い菜の花がいっぱい咲きました。ナミハナアブを採集してきて受粉させたところ、種もいっぱい鞘に入りました。

採種・保存

鞘が淡褐色になったとき刈り取り、防虫網に包んで雨のあたらない風通しのよいブドウ棚の下に吊るして乾燥させました。5月末に乾燥した鞘から種を脱粒し、2mm目の篩を通して種を分離し、軽い夾雑物を息をかけて吹き飛ばして採種完了。ジャム瓶（乾燥剤同封）に入れて保管しました。

その後、種をまいてみましたが、とくに異株も見当たらず、三河島菜として次世代へ伝わっていました。

種子（三河島菜）

作業暦　●種まき　■植えつけ　■収穫　●●●種採り

1月	2月	3月	4月	5月	6月	7月	8月	9月	10月	11月	12月
―	―	―	―	●●●	●			●	―	収穫	収穫

ミツバ

三葉／セリ科ミツバ属
原産地＝日本

系統・品種

関東白茎三つ葉などの固定種がありますが、もともとミツバは日本中の山野に自生し、日陰を好みます。夏に小さな白い花が咲きます。

家庭菜園では物陰にちょっとまいておくだけでも、香気があるので葉を摘んで香味野菜として汁の具などに使ったりするのに重宝します。

栽培のヒント

種子は好光性なので覆土はごく薄くします。また、発芽までに乾燥すると芽が出ないので乾燥しないように水をやります。ミツバは宿根性多年生なので一度まけば冬には寒さで地上部は枯れますが、翌年になると芽を出し、生えてきます。

越冬した株から6～7月に咲く小さな花が結実し、こぼれ種が自然に落ちてまた芽を出します。

白色の小花が咲く（８月）

収穫期のミツバ

褐色に結実

種子

作業暦　● 種まき　■ 植えつけ　■ 収穫　●●● 種採り

1月 2月 3月 4月 5月 6月 7月 8月 9月 10月 11月 12月

採種・保存

採種は結実して緑色から枯れて褐色になったものを刈り取り、目の細かい防虫網などに包んで乾燥させます。種は流線型で黒地に白っぽい筋が入っています。

乾燥したら手で種を採みとります。紙袋やポリ袋（乾燥剤同封）などに入れて、冷蔵庫で保管します。

パセリ

セリ科オランダゼリ属
原産地＝ヨーロッパ南部、アフリカ北部

小さな傘花が咲く（5月）

系統・品種

改良パラマウント、瀬戸パラマウント、モスカールドなどがあります。

栽培のヒント

パセリは、たくさんはなくても少しあれば重宝します。春と秋に種をまいて外葉をかき取りながら収穫すると、ずっと取れます。加温設備があって最低温度5℃以上あれば、冬の間もずっと収穫できます。

収穫した葉はコップに挿しておいて利用したり、ポリ袋に入れていったん冷凍したりします。凍ったらポリ袋の上から揉むと葉がみじん切り状態になり、それをふたたび冷凍しておくとシチューなどのトッピングに使えます。

種は越冬した株から5月ごろ花茎がとう立ちし、ニンジンに似た傘状の花を咲かせます。傘状に開いたところに小さな白い花がいっぱい咲きます。とう立ち前には養分を集中させるため、外葉の収穫はしないようにします。

キアアゲハの幼虫の食害に注意

パセリを収穫

花茎のとう立ち状態

採種・保存

種子が熟すと、傘状の部分は褐色になります。それを刈り取り、目の細かい防虫ネットに入れて乾燥させます。十分乾燥したら、手で揉んで種を脱粒します。夾雑物は息を吹きかけて飛ばします。種は紙袋などに入れ、冷蔵庫で保存します。

種子

作業暦　● 種まき　■ 植えつけ　■ 収穫　●●● 種採り

1月	2月	3月	4月	5月	6月	7月	8月	9月	10月	11月	12月
収穫	収穫	収穫		種採り	種採り			種まき	収穫	収穫	収穫

シュンギク

春菊、菊菜／キク科キク属
原産地＝地中海沿岸

系統・品種

シュンギクは、関東では株立ちで切れ込みのある中葉（ちゅうば）春菊が一般的です。関西で主流の大葉（おおば）春菊は葉が広幅で肉厚、葉色はやさしく、生で食べてもとてもおいしいので気に入っています。

栽培のヒント

シュンギクは春から秋までずっとまくことができます。栽培には株ごと抜き取る方法と摘み取りながら長い間収穫する方法があります。もちろん家庭菜園では、摘み取り栽培がおすすめです。真夏の暑いときにも負けないことはありませんが、9月下旬の秋冷のころが発芽もしやすく、つくりやすい時期です。

畑は堆肥、ボカシ、草木灰を入れて耕し、幅60cm、高さ10cmの畝を立てます。マルチフィルムを張るなら15cm間隔の9515などの穴あきのものを張ります。種は指で深さ1cmぐらいの穴をあけ、そこに数粒落とします。発芽後本葉が出るころ、生育のよいものを残し、一穴1本に間引きます。

マルチを使わない場合は、まき溝を15cm間隔でV字型につけ、種を1cm間隔ぐらいに落とします。覆土は2mm目の篩に土を入れ、上からふってやると適度に溝底に覆土され、水をやれば鎮圧されます。まいてすぐ発芽まで不織布をかけるか、最初から防虫網トンネルを被覆しておきます。害虫は、アブラムシやネキリムシ、ヨトウムシがつきます。以前、油断していたらあっというまにヨトウムシに全滅させられたことがありました。油断大敵、つねに見張ることが大事です。

溝底播種で条まきしたものも10～15cm間隔に間引いて株が育ってきたら、摘み取り栽培では主茎が20cmぐらいになったときから収穫を始めます。そのとき、下の葉を3～4枚残してはさみで切ります。その後は側枝が出てきて収穫が続きます。冬を越した株や春ま

花は淡黄色（5月）

ミツバチの訪花

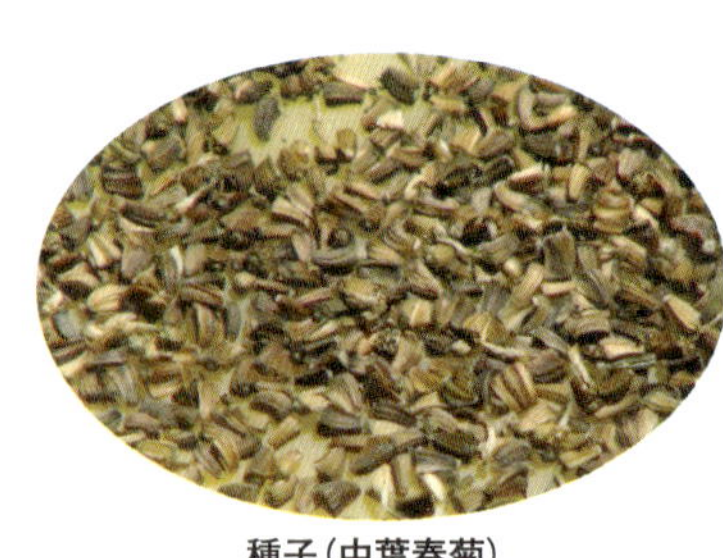

種子（中葉春菊）

作業暦　● 種まき　■ 植えつけ　■ 収穫　●●● 種採り

1月　2月　3月　4月　5月　6月　7月　8月　9月　10月　11月　12月

種採りのポイント

乾燥後の花殻

花殻を摘む

収穫期のシュンギク（中葉春菊）

篩にかけ、種を落とす

手で揉みほぐす

息を吹きかけ、ごみを飛ばす

集めた花殻

きの株は、とう立ちします。茎のてっぺんに蕾が見えるころまで収穫し、食用にします。

採種・保存

採種用は、とう立ちしたものをそのままにしておき、開花させます。5月中旬、きれいな花が咲きます。花は黄色が中心ですが、外側に白い縁取りがあるものなどいろいろで、とてもきれいなものです。

採種のため、それらが交雑する必要があるので複数本植えておきます。咲き終わりの花殻は摘むとすぽんと茎から外れるので、集めて網袋などに入れて雨があたらない風通しのよいところに乾燥させておきます。

乾燥後、揉みほぐして篩にかけ、不要なごみは息をかけて吹き飛ばし、中の種を取り出せば採種完了です。瓶（乾燥剤同封）か紙袋、布袋などに入れ、冷蔵庫で保管します。

レタス

キク科アキノノゲシ属
原産地＝地中海沿岸、西アジア

系統・品種

レタスには結球する玉レタス、結球しない葉レタスのほか、立ちレタス、茎レタスがあります。

固定種にはグレートレーク、オリンピア、早生サリナス、しずか、バンガード、かきちしゃ、サニーレタスなどがあります。

キク科特有の黄色い花が咲く

トウモロコシなどの混植

栽培のヒント

春まきは2月中下旬に温床育苗をして苗をつくり、3月中旬に植えつけます。家庭菜園では単独に植えるよりは、トウモロコシの間やキャベツなどアブラナ科野菜と混植すると、レタスが先に取れるので空間がうまく利用できます。秋まきは9月になり暑さが収まった秋冷のころが種まきの適期です。

育苗は12cmポットに何十粒か種を落とし、好光性種子なので覆土はしないか、してもごく薄くします。発芽までは表面が乾かないように水やりをします。発芽後、本葉が2～3枚のころ、6cmか7・5cmポットに1本ずつ鉢上げし、本葉数枚、鉢底から根が見えるようになったら畑に植えつけます。

畑は堆肥、ボカシ、草木灰を入れ、幅70cm、高さ10cmの畝を立ててマルチフィルムを張ります。レタスのような葉ものはマルチフィルムを張ったほうが、雨による泥はねもなく病気になりにくくなります。

レタスは一定の大きさに育ったものが高温に感応し、花芽分化します。その後、温暖長日条件下でとうが立ち、花が咲きます。5～6月です。基本的に自家受粉なので交雑の心配はほとんどありません。とうが立ってきたら1m以上に伸びるので、風などで倒れないように支柱を立てておきます。レタ

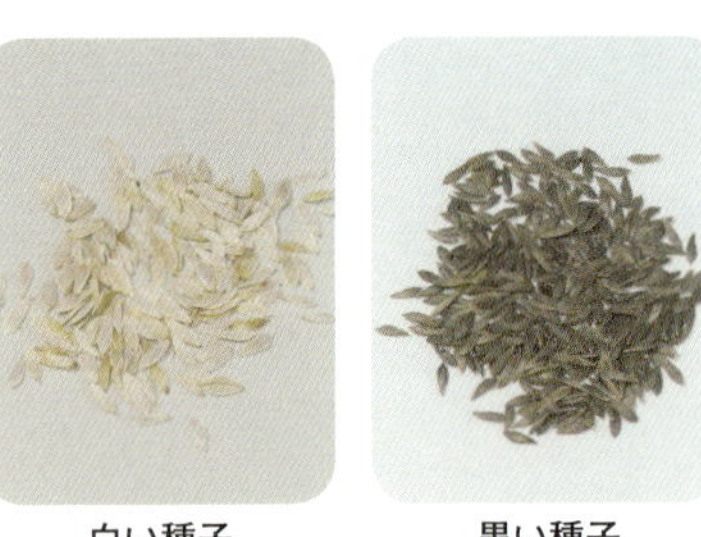

白い種子　黒い種子

作業暦　●種まき　■植えつけ　■収穫　●●●種採り

1月	2月	3月	4月	5月	6月	7月	8月	9月	10月	11月	12月
収穫	―	―	―	●●●種採り	●●●種採り			●種まき	―	―	収穫

収穫期のレタス

種採りのポイント

花を刈り取り、乾燥させる

手で揉みほぐし、種を取り出す

皿に種が現れる

息を吹きかける

赤いサニーレタスとかきちしゃレタス（右上）

スの花は一つの花茎がどんどん枝分かれし、小さな黄色い花がいっぱい咲きます。開花状況を見ていると、全部が一度に咲くわけではなく、順々に咲いています。

採種・保存

花が咲いた後はタンポポと同じように綿帽子が出ますが、ある程度枯れかかった時点で刈り取り、防虫網に包んで雨のあたらない風通しのよいところで乾燥させます。

よく乾燥したら綿帽子を揉みほぐしながら種を取り出します。揉みほぐした段階では、ただのごみのような状態です。

それを皿などに入れ、息を吹きかけながら夾雑物を飛ばしていくと、下に流線形の種が現れます。

レタスの種は品種によって種皮が黒いものと白いものがあります。採れた種は紙袋や布袋などに入れ、冷蔵庫で保管します。

ホウレンソウ

菠薐草／アカザ科ホウレンソウ属
原産地＝コーカサス地方

系統・品種

ホウレンソウには針種の東洋種（日本ほうれん草など）と丸種の西洋種（ミンスターなど）があります。両方の交雑種（次郎丸、豊葉(ほうよう)など）も多く出回っています。

東洋種は葉に切れ込みがあって根が赤くおいしいのですが、暑い時期にはつくれません。それにくらべ西洋種は葉が丸く真夏を除けば意外とつくりやすいのです。

栽培のヒント

ホウレンソウは酸性土では葉が黄色くなって枯れてしまいます。畑の酸度は中性になるように矯正してから種をまきます。草木灰はアルカリ性で土の酸性を中和します。

畑はボカシ、草木灰を全面に入れて畝を立て、マルチを張る場合は9515などの穴あきマルチが便利です。一穴に4粒ずつまくと間引きをしないでもそのまま収穫までいけます。防虫網トンネルは、かけたほうがよいでしょう。

雨よけトンネルなどをした場合は、マルチをしないで三角ホウでまき溝をつくり、1～2cm間隔で条まきにするか、15cm間隔に点まきにします。点まきの場合も一穴に4粒落とします。前日に雨が降り、土が湿っているときに種をまくのが理想的です。種をまいたら軽く覆土をし、鎮圧して発芽を待ちます。

40～50日で収穫できます。生育途中に、ごみ汁液肥や天恵緑汁を薄めてかけてやると元気に生育します。ちょうどよい大きさになったら、根元をはさみで切って収穫します。順次まけば長い間収穫できます。最近は温暖化のせいか11月ごろまでまけます。ただし、まき時期が遅いほど収穫期は年明けの厳寒期になります。換気穴のあいたユーラックカンキなどのフィルムのトンネルをすると寒さから守られ、品質のよいものが取れます。

夜に街灯がついているとホウレンソウは日が長いと勘違いし、花を咲かせてしまいます。とくに東洋種は花芽分化しやすいのです。街灯のあるところでは東洋種のホウレンソウの種をまくのはやめたほうが無難です。

種子（東洋種）

作業暦　●種まき　■植えつけ　■収穫　●●●種採り

1月	2月	3月	4月	5月	6月	7月	8月	9月	10月	11月	12月
―	―	―	―	●●●	●●●			●	―	収穫	―

種採りのポイント

種の塊をほぐす

花茎を吊って干す

葉脇につく雌花

円錐花序をなす雄花

篩にかけ、夾雑物を取り除く

厳寒期のトンネル栽培

息を吹きかけ、夾雑物を飛ばす

採種用は青果用のなかから何株か残しておけば、初夏にとう立ちします。雄株と雌株があり、両性花のものもあります。花粉はさらさらとしていて風媒花なので、風で花粉が飛んで受粉されます。

採種・保存

受粉後は花茎が黄色く枯れるので、そのときに刈り取り、防虫網に包んで雨があたらない風通しのよいところにぶら下げて乾燥させます。よく乾燥したら脱粒をします。

ホウレンソウの種は数個がかたまった種子塊になっているので、5㎜目ぐらいの篩にゴシゴシと擦りつけて、種子塊を分解します。丸種の品種は素手でもよいのですが、針種の品種は痛いので厚めのゴム手袋などをしておこないます。あとは篩にかけ、さらに夾雑物を息で吹き飛ばし、種だけにすれば採種完了です。瓶（乾燥剤同封）か紙袋などに入れ、冷蔵庫で保管します。

ニラ

韮／ユリ科ネギ属
原産地＝東アジア

系統・品種

グリーンベルト、広巾ニラなどがあります。

栽培のヒント

ニラは多年生なので、手っ取り早い方法では株分けで栽培できます。

　植える畑には堆肥、ボカシ、草木灰を入れて大株を分割したものを株間20cmぐらいで植えつけます。専用の畝をつくるというよりは畑の縁などに1列に植えるのが収穫もしやすくおすすめです。葉が伸びて時間が経つと硬くなるので、一度株元から数cm上で刈り取って新しい揃った芽を出させ、軟らかいうちに収穫するのがよいでしょう。

　ニラは一定期間高温にあうと、9月に花茎が伸びて白い花が咲きます。花にはハチやアブのほか、イチモンジセセリなどの訪花昆虫が好んでやってきて授粉します。

　採種用には元気な株を選びます。家庭菜園では、とくに交雑の心配などせずにオープンにして気軽に採種するのがよいでしょう。11月ごろには種がいっぱい採れます。収穫を続けたければ、花茎は早めに根元から切ってしまいます。

収穫期のニラ

花茎が伸びて白い花が咲く

花茎を切り取る

成熟し、花被が割れる

採種・保存

　採種は種ができた茎を種がこぼれないうちに摘んでお盆状の容器に並べ、雨があたらない風通しのよいところで乾燥させます。

　種は自然に弾けて落ちます。弾けないものは揉んで脱粒し、夾雑物を息を吹きかけて飛ばせばよいでしょう。採種後は紙袋などに入れ、冷蔵庫で保管します。

種子

作業暦　●種まき　■植えつけ　■収穫　●●●種採り

1月　2月　3月　4月　5月　6月　7月　8月　9月　10月　11月　12月

エゴマ

荏胡麻／シソ科シソ属
原産地＝中国南部、インド

シソ科の仲間でシソに比べて草丈は高く、葉はやや大きく、厚みがあります。日本への渡来は古く、地方によってはエゴマのほかにジュウネン、アブラなどの呼び名が残されています。

系統・品種

エゴマの種は黒種（くろだね）と白種（しろだね）に区分されていますが、厳密には種の色は黒褐色、淡褐色、茶灰色、灰白色などを呈しています。

収穫期のエゴマの葉

開花（8月）

白種を篩にかける

栽培のヒント

まず、5月中旬に苗床に種をまきます。畝幅約20㎝で種の量は10a当たり54mℓ（小さい盃3杯程度）です。3～4日で発芽し、その後、間引きをしながら苗を育て、種まきから30～40日で畑に株間30～40㎝で植えつけます。

3～4週間ほど経つと、45㎝ほどの高さに生長。梅雨時期に重なることもあり、雑草が芽を出し始めるので表土を浅く耕す中耕をおこない、除草したり生長を促したりします。

いったん活着したエゴマは生命力が強く、特別な栽培管理は必要ありません。開花は8月中下旬。9月中旬から10月初めにかけて収穫期を迎えます。

採種・保存

株を基部から刈り取り、雨があたらない風通しのよい場所で乾燥させます。

茎を重ねて棒でたたいたり、足で踏んだりして種を落とし、篩にかけたり息を吹きかけたりして夾雑物を除きます。採種後は瓶（乾燥剤同封）か紙袋などに入れ、冷蔵庫で保管します。

白種

黒種

作業暦　● 種まき　■ 植えつけ　■ 収穫　●●● 種採り

1月	2月	3月	4月	5月	6月	7月	8月	9月	10月	11月	12月
				● 種まき	―	―	―	―	収穫・種採り		

モロヘイヤ

シナノキ科ツナソ属
原産地＝中近東、アフリカ北部

系統・品種

シマツナソとも呼ばれる1年生草本。アラブ諸国で古くから栽培されています。若葉を刻んだりゆでたりすると独特の粘りがあります。カルシウム、カロテン、ビタミンB、ビタミンC、カルシウム、食物繊維を多く含む緑黄色野菜の一つとして普及しています。

栽培のヒント

種は5月になってから、じかまきします。科は違いますが、栽培はシソとほとんどいっしょです。大きくなるにつれ、若い葉をどんどん茎ごと摘み取ります。そのままにすると背丈ほどに伸びます。

小さな黄色い花がつく（9月）

収穫期のモロヘイヤ

鞘から脱粒した種

種子

作業暦　●種まき　■植えつけ　■収穫　●●●種採り

作業	1月	2月	3月	4月	5月	6月	7月	8月	9月	10月	11月	12月
種まき				●								
植えつけ					■							
収穫							■	■	■	■		
種採り										●	●●	

採種・保存

短日になると節に小さな黄色い花が咲き、やがて数cmの鞘になります。鞘が茶色く枯れるまで置いて取り、網袋に入れ乾燥させます。

十分乾いたら脱粒し、瓶（乾燥剤同封）や紙袋などに入れ、冷蔵庫で保管します。種子は毒性があるので食べられません。

シソ

紫蘇／シソ科シソ属

原産地＝中国南部、ミャンマー、ヒマラヤ

系統・品種

シソは、もはや日本の代表的なハーブの一つです。独特の香りが魅力です。青ジソと赤ジソがあります。

栽培のヒント

無肥料でもよく育つので、自然農法に近い栽培ができます。好光性種子なので種をまくときは覆土を薄くします。初期生育はゆっくりです。日当たりのよいところだけでなく、半日陰でもよく育ちます。7月からの暑い夏に旺盛に繁ります。

シソは短日で花芽分化するので、初秋には枝先に花穂が出て花が咲きます。この花の状態でも穂ジソとして薬味として収穫できます。シソは自家受粉ですが虫媒花で交雑もあるので、採種をするなら1品種だけにしたほうがよいでしょう。

白い花穂（9月）

結実した穂

種を篩にかける

採種・保存

穂はやがて結実し種をつけます。そのままにしておくと弾けて種がこぼれますから、穂だけを摘んでお盆などに入れて乾かしておきます。

十分乾いたら大きめのポリ袋に穂ごと入れ、袋の上から手で揉みます。しばらく揉んでいるうちに穂の中から種が出て袋の下のほうに溜まり始めます。そうしたら袋をあけて篩にかけ、大きな夾雑物を取り除いてから、残りを味噌漉しに入れてふるいます。

すると種と細かい夾雑物だけが下に落ちるので、あとは皿に入れて細かい夾雑物を息をかけて吹き飛ばせば種だけになります。種を紙袋などに入れ、冷蔵庫に保管します。

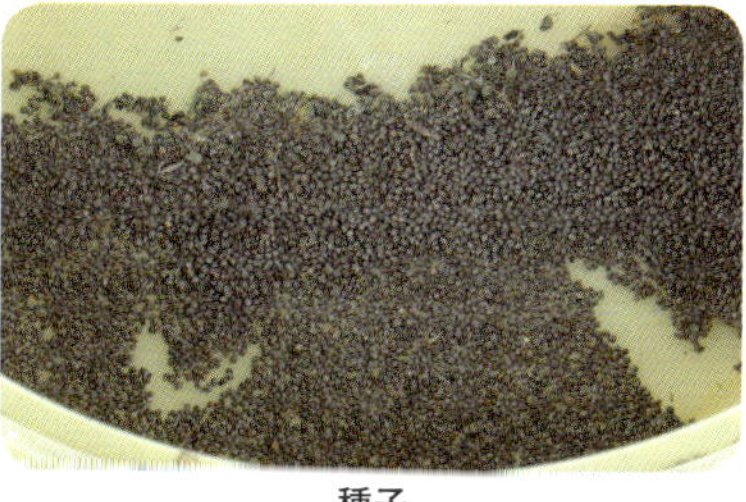
種子

作業暦　●種まき　■植えつけ　■収穫　●●●種採り

1月　2月　3月　4月　5月　6月　7月　8月　9月　10月　11月　12月

バジル

シソ科メボウキ属
原産地＝熱帯アジア、アフリカ

系統・品種

バジルは、毎年春に種をまいて育てます。バジリコ・ナーノは、春と秋に種をまける固定種です。

栽培のヒント

長い間収穫するためには、花を咲かせないように摘んで霜が降るころまで収穫します。摘まないでおくと7～8月にはシソと同じような白い花が咲きます。ミツバチやモンシロチョウなど訪花昆虫も多く、確実に種ができるので、自家採種をすれば来年用の種を採ることができます。

穂に花をつける（9月）

穂の結実

穂を摘み、乾燥させる

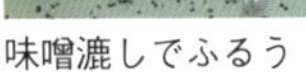

味噌漉しでふるう

採種・保存

夏から初秋にかけて穂が褐色に枯れてきたら、穂だけを摘んで乾かしておきます。穂の中にある種を脱粒するのですが、大きめのあり合わせのチャック付きのポリ袋を用意します。その中に種が入った乾燥したバジルの穂を詰め込みます。穂も葉と同じように強い香りがあります。袋に穂をいっぱい詰め込んだらチャックを閉めます。その袋ごと手で念入りに揉みます。

つぎに、底にたまった種をふるいます。篩がなくても身近なものを捜してみれば、台所用品の味噌漉しが便利です。ちょうど目合いがバジルの種が通過する大きさなので、ふるうとほとんど種だけが下に落ちます。あとは皿に入れて細かいごみに息をかけて吹き飛ばせば重い種だけが残ります。

バジルの種は小さな黒いつやつやした種です。紙袋やポリ袋（乾燥剤同封）などに入れ、冷蔵庫で保管します。

種子

作業暦

種まき　植えつけ　収穫　種採り

1月　2月　3月　4月　5月　6月　7月　8月　9月　10月　11月　12月

アスパラガス

ユリ科アスパラガス属
原産地＝南ヨーロッパ、ロシア南部

系統・品種

メリーワシントン、セトグリーンなどの外来種、育成種があります。

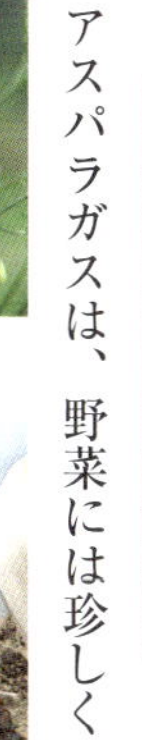

栽培のヒント

アスパラガスは、野菜には珍しく一度植えると10年近く取れ続けます。種をまいても一般の野菜のように、すぐには収穫できません。太い茎が収穫できるようになるまでに、種をまいてから3年以上かかります。

アスパラガスの株は高さ1mを超え幅広く繁りますから、種をまくところは直径60cmぐらいで深さ30cmぐらいの穴を掘り、堆肥を5kg、ボカシ2～3握り、草木灰一握りほど入れ、掘った土と混ぜ合わせます。高さ10cmぐらいの畝にします。複数植えるときは株間40cmぐらいにします。種は3月ごろ数粒をまいて覆土し発芽を待ちます。

発芽後は細くひょろひょろした茎が出てきます。草に負けないよう周囲の草取りをして育てます。3年待てば太い茎が収穫できるようになります。収穫は4～5月いっぱいにして、6月以降は取らずに茎葉を伸ばし、翌年用の養分を貯蔵根に蓄積させます。

アスパラガスの収穫は茎が25cmぐらいになったとき、手でポキッと折って収穫します。

黄緑色の花が下向きに咲く

収穫期のアスパラガス

根を植えつける

採種と根株

アスパラガスには雄株と雌株があり、雌株には秋になると南天のような真っ赤なきれいな実がなります。中には黒い種が入っています。それを水洗いして採種します。

家庭菜園では、株分けされた根株を求めて植えつけるのが一般的です。

株分けされた根株

作業暦　●種まき　■植えつけ　■収穫　●●●種採り

	1月	2月	3月	4月	5月	6月	7月	8月	9月	10月	11月	12月
種まき			●									
収穫				■	■							
種採り								●●	●			

ネギ

葱／ユリ科ネギ属
原産地＝中国西部

系統・品種

一本太ネギと呼ばれるものに石倉、余目、下仁田、分けつするものに九条、岩槻、汐止、さらに株分けで増やすものに坊主知らずなどの系統があります。

栽培のヒント

種をまく時期は冬から春にかけてが多く、冬は低温のため種をまいても1か月以上もなかなか発芽しません。3月ぐらいにまくとすぐに発芽します。早くまけば植えつけも早くできます。

初夏の開花

3月ごろまいたものは、ちょうど6～7月が植えどきです。

穴あけ落とし植えという方法をすると作業が簡単でりっぱに育ちます。30cmの穴を掘る代わりに太さ19ミリの直管を挿して深さ30cmの穴をあけ、そこにネギ苗を落とし込むのです。ただし、ネギ苗が40cmぐらいに伸びている場合です。穴の下は乾燥することもなくネギ苗は容易に活着します。育苗したネギ苗が短い場合は苗の長さの3分の2程度の深さにします。

土寄せにはある程度の幅が必要です。そこで杉板などを使って板枠の中で栽培する方法だと、土寄せの幅をとらずにつくることができます。ネギの伸びとともに板を継ぎ足していくと、ちゃんと軟白部ができます。すぐ横に菜っ葉などをつくることもできます。

ふつう肥料は土寄せごとにボカシを施しますが、板枠でも外側にボカシを適宜ふってやるだけでよくできます。

冬に早くまいた場合は、育苗後いきなり植えつけをするのではなく、春から夏まで果菜類の畝の肩に穴あけ落とし植えで同居させておくのがおすすめです。

夏になったらネギは引き抜き、ネギだけを独立させて植えます。このときも穴あけ落し植えをします。穴あけをする場合、土が乾燥しているとあけた穴に土がぼろぼろ崩れて埋まってしまいます。たっぷり土に湿り気がある雨

種子

作業暦　種まき　植えつけ　収穫　種採り

1月　2月　3月　4月　5月　6月　7月　8月　9月　10月　11月　12月

種採りのポイント

乾燥させる

花茎を摘む

花被が割れ、種が弾ける

篩にかけ、莢雑物を取り除く

収穫期のネギ畑（右はネギ坊主）

板枠への移植

溝へ植えつける

上がりにすると作業は順調にうまくいきます。その後は場所に余裕があれば土寄せ方式で栽培し、狭くて場所がなければ板枠栽培がおすすめです。

採種用は越冬した後、初夏にネギ坊主が出てきます。ミツバチなどがきていれば授粉しなくてもよいのですが、ハウスなどの場合はネギ坊主を手で包み込むようになでてやると手のひらに花粉がつきます。それで自家受粉ができ、その手で次のネギ坊主をなでてやれば他家受粉もできます。

採種・保存

種ができてネギ坊主が枯れ始めたら、ネギ坊主ごと取って、お盆状の容器に並べて、雨があたらない風通しのよいところで乾燥させます。

種は自然に弾けて落ちます。弾けないものは揉んで脱粒し、篩にかけ、さらに夾雑物を息をかけて飛ばします。

採種後は瓶（乾燥剤同封）や紙袋などに入れ、冷蔵庫で保管します。

ワケギ

分葱／ユリ科ネギ属
原産地＝ギリシャ、シベリアなど

系統・品種

ワケギはネギの仲間ですが、種球づくりに適した地域の在来種、育成種があります。もちろん種からではなく球根を植えて栽培します。

そもそもネギに分球性のタマネギの花粉がかかってワケギができたようです。漢字では分葱と書き、鱗茎（球根）からは葉が何本も出て分球します。畑だけでなくプランターでもよくできます。

収穫期のワケギ

収穫した球根を吊るしたりして乾燥させる

栽培のヒント

畑には堆肥、ボカシ、草木灰を入れて耕し、夏の終わりから秋の初めに球根を植えつけます。球根は2～3球ずつに分けて、天地を逆にしないように10～15㎝間隔で球根の先端が地表に出る程度に植えます。あまり深く植えると球根が腐ることがあります。プランターなら赤玉土と腐葉土を半々にボカシと草木灰を一握りずつ混ぜて10㎝間隔ぐらいに球根の上が出るくらいに植えます。

芽が伸び出したら、天恵緑汁５００倍とごみ汁液肥１００倍程度を散水すると元気に育ちます。葉が20～30㎝に伸びたら、株元から数㎝上をはさみで切って収穫すると、つぎの葉が出てきます。繰り返し収穫ができます。

種球

種球づくり

春は収穫はほどほどにして葉を取らないでおくと、5月ごろタマネギのように葉が倒れて休眠に入ります。そのとき地中には球根ができていて、つぎの栽培の種球となります。植えつけまで風通しのよい日陰でトレイなどに入れたり、束ねて吊るしたりして、乾燥させておきます。

作業暦　● 種まき　■ 植えつけ　■ 収穫　●●● 種球採り

種球づくり

1月 2月 3月 4月 5月 6月 7月 8月 9月 10月 11月 12月

ラッキョウ

辣韮／ユリ科ネギ属
原産地＝中国

系統・品種

種球づくりに適した改良種、育成種があります。

栽培のヒント

ラッキョウは低温には強く、暑さには弱く、夏がくると葉が枯れて休眠します。種球は9月に植えて翌年の6～7月に収穫となります。畑には堆肥、ボカシ、草木灰を入れて耕し、高さ10cmの畝を立てます。そこへラッキョウの種球を株間10cm間隔で5cmほどの深さに押し込みます。または、三角ホウで溝を切って並べ、その上に土をかけてもよいでしょう。

萌芽後は分けつしながら球が増えます。適宜土寄せをし、鱗茎が露出することがないようにします。年内に葉が伸び、そのまま越冬させます。寒さで葉先は枯れても大丈夫。春になると葉が伸び始め、球根が太り始めます。

ピンク色の開花（9月）

収穫期を迎える

掘り上げたラッキョウ

種球づくり

6月になると葉が枯れてくるので掘り上げ、葉を切り落としてお盆などに入れて、雨があたらない風通しのよい場所に保管します。網袋に入れて吊るしておいてもよいでしょう。

種球

作業暦　●種まき　■植えつけ　■収穫　●●●種球採り

1月	2月	3月	4月	5月	6月	7月	8月	9月	10月	11月	12月
					収穫 / ●●● 種球づくり	収穫 / ●●●		植えつけ			

ひと口メモ

掘り上げずに植えておくと、夏の終わりころからピンク色の花が咲きます。結実はしにくいのですが、種ができたときには採種できます。しかし、株分けによる栄養繁殖が一般的です。

タマネギ

玉葱／ユリ科ネギ属
原産地＝中央アジア

系統・品種

早生の今井早生、貝塚早生、ジェットボール、中晩生の泉州中高黄（ちゅうこうき）、サラダ用の湘南レッド、赤たまサラダ、貯蔵用の奥州、仙台黄などがあります。

栽培のヒント

タマネギの採種には最低2年かかります。まず、タマネギをつくります。9月上中旬はタマネギをまく季節です。タマネギは苗床で苗をつくり、11月上旬から中旬にかけて植えつけます。中生のタマネギは越冬後、5月下旬から6月には収穫となります。

発芽

マルチでの生育

苗床はボカシと草木灰をふって耕し、幅15㎝のまき溝をつくって1㎝間隔ぐらいに条まきにします。まいた後はまき溝の上からレーキの背などでとんとんたたき、覆土を鎮圧します。まだ暑い時期で乾きやすいので発芽までは水をやります。育苗中は中耕除草をして、11月までに割り箸ぐらいの長さと太さの苗をつくります。

植えつける畑は1㎡当たり完熟堆肥を5kg、ボカシ500g、草木灰100gを入れ、15㎝間隔の穴あきマルチを張っておきます。いろいろやってみましたが、マルチを張ったほうがよく生育します。苗は大きい順に揃え、一穴に1本ずつ植えていきます。防虫網トンネルをかけますが、厳寒期には換気穴のあいたポリフィルムをかけると、防寒は完璧です。12月から2月にかけ、ごみ汁液肥などを適宜追肥すると効果的です。

私の畑では株元にホトケノザなどの雑草が生えますが、厳寒期には取らずに共存させています。保温効果があるようです。3月に入るころ、草を取ってタマネギだけにします。

春3月の彼岸過ぎにもなると急激に生長しはじめます。4月に入ったらポリトンネルは外します。そのまますくすくと生長し、5月末ごろには株元にタマネギの球が太りはじめます。やがて茎が折れ曲がり、葉が倒れるといよいよ収穫です。引き抜いて一皮むいて

種子

作業暦　種まき　植えつけ　収穫　種採り

1月　2月　3月　4月　5月　6月　7月　8月　9月　10月　11月　12月

種採りのポイント

ネギ坊主を切り取る

乾燥させた後、種を取り出す

篩にかけ、夾雑物を取り除く

収穫間近のタマネギ畑（右上はネギ坊主、右下は手のひらでなでて授粉）

収穫した赤タマネギなど

数本を束ね、雨のあたらないところへ干して保存します。冬まで貯蔵することができます。

できたタマネギを10月中旬に、できれば雨よけハウスなどにタマネギ球の半分ぐらいまでを株間50㎝に植えます。越冬させると翌春にとう立ちし、5〜6月にネギ坊主が出て花が咲きます。タマネギは自家受粉なので、ネギ坊主を手のひらでなでて授粉します。手のひらに花粉がつきます。その手でつぎつぎと花をなで回します。

採種・保存

種ができてネギ坊主が枯れ始めたら、ネギ坊主を切り取り、容器に並べ、雨があたらない風通しのよいところで乾燥させます。種は自然に弾けて落ちます。弾けないものは揉んで脱粒し、篩にかけ、さらに息をかけて夾雑物を飛ばせばよいでしょう。採種後は瓶（乾燥剤同封）や紙袋などに入れ、冷蔵庫で保管します。

ニンニク

大蒜／ユリ科ネギ属
原産地＝中央アジア

系統・品種

有名な品種はホワイト六片、そのほかに一つが手のひらいっぱいにのるようなジャンボニンニクもあります。暖かい地域では、小ぶりの上海早生（シャンハイわせ）などが栽培されています。

国産ニンニクは意外と高価なものです。自分で栽培したほうが安上がりで、乾燥貯蔵しておけばいろいろ使えて重宝です。

栽培のヒント

9月中旬は植えつけの時期です。植えるところは堆肥、ボカシ、草木灰を入れて10㎝ぐらいの高さの畝を立てます。マルチは、してもしなくてもよくできます。マルチをするなら黒の9515にすれば、草も生えにくくなります。

ニンニク一球は数個の鱗片からできています。まず、その鱗片を一個一個外して、一つの穴に1個の鱗片を植えつけます。植つけはチューリップの球根と同じように、鱗片の高さの3倍の深さに上下を間違えないように植えつけます。とんがったほうが上です。マルチでない場合は15～20㎝間隔に植えます。

やがて芽が出てきます。もし2本の芽が出てきた場合は、小さいほうを抜き取ります。両方抜いてしまわないように、残すほうの根元を押さえながら抜きます。マルチでない場合は、草取りが必要です。草に負けないようにせっせと草を取りましょう。マルチをしていない場合は、株間を三角ホウなどで中耕してやると除草も兼ねることができます。年内に1回、年明け2～3月ごろにもう1回、ボカシ肥料やごみ汁液肥を追肥します。寒さには強く、冬に少々葉が枯れていても芯はしっかりしているもので、春にはつぎつぎと葉が出てくるので心配いりません。

5月にかけて、葉は旺盛に伸びます。そのころ、とう立ちして花茎が伸びてきます。そのままにしておくとネ

植えつけ（９月）

皮をむいて乾燥

皮つきのままの種球

作業暦　●種まき　■植えつけ　■収穫　●●●種球採り

1月	2月	3月	4月	5月	6月	7月	8月	9月	10月	11月	12月
					収穫／種球採り			植えつけ			

種球づくりのポイント

収穫直後のニンニク

旺盛に葉や花茎が伸びる（右上は開花、5月）

葉を切り捨て、束ねて吊り下げる

よく乾燥し、陰干し状態で保存

収穫したニンニクの玉

ギ坊主のような花が咲きますが、種ができるわけでもないので、球を太らせるためにも蕾の段階で早めに摘み取ってしまいましょう。摘み取った蕾は、炒めたりして食べることができます。

5月末〜6月、葉が黄色く枯れはじめたら収穫のサインです。茎を持って引き抜けばよいので、収穫は簡単です。

種球づくり

収穫後の茎は20〜30cm残し、葉は切り捨てます。外皮を一皮むくと中はきれいな純白の球です。それを数個ずつ束ね、風通しのよい雨のあたらない半日陰に吊るし、乾燥させます。

乾燥させ、陰干し状態にすると1年間保存でき、使いたいときに少しずつ使えます。また、翌年用の種球としても使えるので、一度つくれば種球を買う必要もなくお得です。

なお、外皮をむかずにそのまま軒先などに吊り下げ、植えつけのときに用いる方法もあります。

ジャガイモ

馬鈴薯／ナス科ナス属
原産地＝南アメリカ

系統・品種

ジャガイモは春植えに男爵、キタアカリ、メークインなど、夏植えにデジマ、ニシユタカ、アンデスなどがあります。

栽培のヒント

一般的には春の場合は大きめの種イモは切り分けて植え、小さめの種イモは丸ごと植えます。芽が出たら芽かきをして、収穫までに何回か土寄せをするのが定番のつくり方です。最近、逆さ植えのマルチ栽培をしたら楽で、しかもたくさん取れるので、つくり方を変えました。

春は大きめの種イモの場合、へその部分から切って植えます。植える数日前に切っておき、切り口をよく乾燥させておきます。幅70cm、高さ10cmの畝を立てます。三角ホウなどで中央に植え溝を切ります。

植えるときは切り口を下にするのが常識ですが、切り口を上に、逆さまに植え、深く植えずに畝に置くだけにします。種イモの間隔は30cmです。種イモの間には、ボカシ肥料と草木灰を混ぜたものを一握りずつ置きます。そこに光を通さない黒などのマルチを張ります。

そのまま置くと、逆さまに植えられた種イモから強い芽だけが出てきます。通常の栽培では芽が出たところで芽かきをして、一株当たりの芽の数を2～3本程度に制限します。逆さ植えの場合は、たくさん出ないのでその作業は不要になります。

芽が出てマルチが押し上げられたらマルチを破き、芽を外に出してやります。その作業は遅れないようにする必要があります。あとは、そのまま放任状態でいいのです。通常の栽培では2～3度土寄せをしてイモが太る領域をつくってやる作業が欠かせませんが、マルチを張ることによってその作業もいらず、省力栽培ができます。

逆さまに植える

芽が出る

花が咲きはじめる（6月）

種イモ

作業暦　●種まき　■植えつけ　■収穫　●●●種イモ採り

種イモづくり

1月　2月　3月　4月　5月　6月　7月　8月　9月　10月　11月　12月

品種によって異なる花の色（北海道十勝地方）

メークイン

男爵

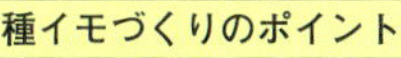

マルチをめくると、掘らずに拾うだけ!?

ホッカイコガネ

アンデスレッド

収穫したばかりのジャガイモ（デジマ）

キタアカリ

ベニアカリ

2月中旬植えで6月中旬に収穫しますが、通常栽培に比べ、収量が断然多く、マルチフィルムをめくると、掘ることもなく大きなイモが並んでいるという劇的な結果にびっくりします。省力で収量も多いこの方法はやみつきになってしまいます。

秋ジャガは、イモを切ると腐るので丸ごと植えます。植えるときには芽を一か所だけ残して摘み、芽を下にして植えます。丸ごとでも残暑が厳しいと腐るのでマルチはすぐに張らずに芽が出た段階で張ればうまくいきます。

種イモづくり

掘り上げたジャガイモは、食用でありながら種イモにもなります。種イモ用は、病気などに冒されていないことが第一条件です。

貯蔵中、芽が出やすいので冷暗所に保管し、さらにリンゴを一緒にして保管すると、リンゴが出すエチレンで萌芽が抑えられます。

サツマイモ

薩摩芋、甘藷／ヒルガオ科サツマイモ属
原産地＝中央アメリカ

系統・品種

鳴門金時、五郎島(ごろうじま)金時、ベニアズマなどの在来種が知られています。また、糖度が高くねっとりした食感の安納芋は、人気急上昇の在来種です。

栽培のヒント

種から栽培する作物では種にウイルスが入ることはないのですが、栄養系で繁殖するもの、クローンともいわれますが、イチゴやイモ類にはウイルス感染というリスクがつきまといます。

いろいろなウイルスが複合感染すると生育の勢いが弱まり、収量も大幅に少なくなります。これらを解決するバイオ技術に茎頂培養という方法があります。メリクロンともいわれます。それは生長点にはまだウイルスが到達しないのを利用し、生長点を含む0・3㎜以下の組織を分離して無菌の寒天培地で培養すると、ウイルスに感染していないウイルスフリー株ができます。

実際にイチゴやサツマイモ苗などで、そのような苗が生産され、売られています。それを求めれば、たくさんの収穫が見込めるということになります。

一方、従来の方法も根強く残っています。私の農園のそばでは、毎年サツマイモ苗をつくる農家の方がいます。3月になると大きな踏み込み床づくりから始動し、種イモを埋め込み、大きなビニールのトンネルで覆って芽を吹かせ、苗を取って直売所に出荷しています。高価なメリクロン苗でなければならないということもなさそうです。

毎年、東京農大グリーンアカデミーでもベニアズマのイモ苗を求め、垣根支柱に立体栽培をしています。生徒から安納芋もつくりたい、との希望が出ました。ちょうど私が栽培した安納芋を貯蔵していたものに春先赤い芽が出ているものがいっぱいあったので、それを持っていき、3月中旬にプランターに土を入れて埋め込みました。温度が25℃の温室内の育苗マットの上に置いていたら、4月下旬にはたくさんの蔓が出ました。

サツマイモは肥料過多、チッソ過多では蔓ボケ状態になり、イモができません。無肥料で植えつけたほうが安心です。高さ30㎝ぐらいの高畝をつく

種イモ

作業暦　●種まき　■植えつけ　■収穫　●●●種イモ採り

1月	2月	3月	4月	5月	6月	7月	8月	9月	10月	11月	12月
				植えつけ					収穫	収穫	
									種イモづくり	種イモづくり	

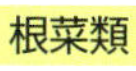

収穫したサツマイモ（安納芋）

防草シートで覆う（右上はサツマイモ苗）

ベニアズマ

茎葉が伸長

スコップで掘り起こす

り、マルチフィルムを張れば土が乾きにくく、草も生えないので効果的です。夏には蔓が旺盛に伸びますから、蔓の伸びる範囲内に防草シートを張るのがよいでしょう。

シートを張らない場合は蔓から根が土に入るので、ときどき蔓返しをする必要があります。そのほかはとくに必要な作業もなく収穫に至ります。

東京農業大学グリーンアカデミーでは垣根にカボチャやキュウリと混植して、カボチャなどが終わった夏以降に、サツマイモの蔓を垣根に誘引しています。秋には2ｍのサツマイモの垣根ができます。植つけ間隔は30㎝ですが、イモが大きくなりすぎる傾向があるので今回は株間を20㎝にしました。10月末にはおいしいサツマイモがいっぱい取れました。

種イモの貯蔵

カボチャと同様にすぐに食べずに常温で風乾させておくと、でんぷんが糖に変わり甘くなります。

家の中の気温の下がりにくい部屋に置いたり、土に埋めるなどして凍らない状態にすれば、春まで貯蔵することができます。

サトイモ

里芋／サトイモ科サトイモ属
原産地＝インド、ネパール、マレー半島

系統・品種

子イモ用は土垂（どだれ）、石川早生、親子イモ兼用は八ツ頭（やつがしら）などで、在来種、育成種があります。

栽培のヒント

2年前からサトイモも逆さ植えをしています。東京農業大学グリーンアカデミーでは逆さ植えの効果がどれほどかを知るため、2013年にサトイモの逆さ植えと普通植えの比較栽培をしてみました。その結果は明らかでした。逆さ植えのほうが普通栽培の1・5倍も収量が多かったのです。

最近は新たに畝を立て、ゼロから栽培することが少なくなってきました。それは冬の間も何かつくっていて、そのまま連続栽培をすることが多くなったからです。

タマネギを栽培していて、タマネギの収穫前にその畝の中央に種イモを逆さ植えしました。タマネギが終わり、マルチフィルムを外したあとは土寄せをしてボカシ肥料をふり、乾いたら水やりをしながら栽培したところ、秋にはたくさんのサトイモが収穫できました。

ふつう種イモはイモの3倍ぐらいの深さに植えますが、逆さ植えでは芽の位置は下なので2倍の深さでふつうの3倍の深さの芽の位置と同じになるはずだと思い、種イモの倍の深さに押し込んでいます。

種イモの芽

サトイモを収穫

種イモの貯蔵

サトイモの収穫は、10月の終わりから11月にかけて霜が降って葉が黒くなるころです。子イモを食べて親イモを種イモとして土室（つちむろ）に春まで貯蔵します。子イモも種イモになりますが、親イモのほうが大きいぶん貯蔵養分も多いので勢いがあり、子イモがたくさん取れます。

親イモ

子イモ

作業暦　● 種まき　■ 植えつけ　■ 収穫　●●● 種イモ採り

1月	2月	3月	4月	5月	6月	7月	8月	9月	10月	11月	12月
				植えつけ						収穫／種イモづくり	

ナガイモ

長薯／ヤマノイモ科ヤマノイモ属
原産地＝熱帯アジア、中国

系統・品種

ヤマノイモにはナガイモ、イチョウイモ、ヤマトイモ、ジネンジョなどの系統があります。生育の早いナガイモは、各地で栽培されています。

栽培のヒント

ナガイモは土中に深くイモが伸び、いざ収穫となって上から抜くと折れてしまうのでイモと同じ長さぶんの深い穴を掘って収穫するはめになります。また土の中ではまっすぐな形になりにくいこともあります。

これを解決するのが波板栽培です。プラスチック波板を長さ135cmに切って角度が15度（勾配26・8％）の斜面をつくっておきます。そこにできれば、ふるった肥料分のない土を15cmの厚さにのせます。種イモは斜面の上に植えつけます。

斜面の上側には支柱を立て、紐支柱を張ってイモ蔓を這い上がらせます。そして斜面の上にナガイモの種イモを植えます。

やがて種イモから新イモが伸び始め、波板に到達すると波板に沿って伸び始めるのです。10月になって掘るというよりは波板の上の土をどけると、まっすぐに伸びたきれいなナガイモが収穫できます。

収穫したナガイモ

上の部分を折る

種イモの貯蔵

収穫したナガイモの上部は来年用の芽が出る部分なので、その下に20cmぐらいを残して折ると、それが来年の種イモとして使えます。その種イモは網袋などに入れて翌春まで湿気があって厳寒期でも寒くない土室に保存します。

ナガイモには蔓の節にムカゴがつきます。ムカゴは食用にもなりますが、それを植えるとナガイモの種イモができます。

種イモ

作業暦　● 種まき　■ 植えつけ（青）　■ 収穫（赤）　●●● 種イモ採り

1月	2月	3月	4月	5月	6月	7月	8月	9月	10月	11月	12月
				植えつけ					収穫・種イモ採り（種イモづくり）		

ニンジン

人参／セリ科ニンジン属
原産地＝アフガニスタン北部

系統・品種

黒田五寸、金時などが知られていますが、黄色の沖縄島人参、ミニソーセージ型のピッコロ人参、さらに地域の在来種などもあります。

栽培のヒント

ニンジンは春まき、夏まき、冬まきがありますが、採種用は夏にまきます。畑には完熟堆肥、ボカシ、草木灰を入れて耕し、幅70cm、高さ10cm程度の畝を立てます。

マルチフィルムを張る場合は9515など15cm間隔の黒の穴あきがよいでしょう。ふつうの種子なら数粒落とします。指で軽く押して穴をあけ、好光性種子なので土は薄くかけます。

マルチフィルムを張らない場合は、溝底播種がおすすめです。溝底播種は厳寒期の播種方法として開発されたものですが、溝底の水分と温度が安定しているため、発芽が安定しているので冬にかぎらず使える方法です。しかし、三角ホウなどでつけた溝は崩れやすく溝が埋まってしまうこともあるので、溝底播種用の「溝つけ君」なる道具を考えてつくってみました。幅9cm、厚さ12mmの杉板を70cmに切ったものを2枚つくり、直角に合わせて釘で止めます。さらに取っ手をつけます。取っ手は垂木を30cm程度に切って、両端に板をつけてV字型の板に止めます。

使うときは取っ手を持って体重をかけ、畝にV字溝をつけることができます。押さえつけて土が鎮圧されるので崩れにくいのです。種をまくとペレット種子などはころころ転がって自動的に溝底へ並びます。3cm間隔に一粒ずつまいていきます。まいた後は篩などで軽く覆土し、鎮圧します。さらに畝に不織布をベタがけします。するとV字型の上が不織布で覆われ、小さな微気象空間ができ、温度も湿度も安定し、ニンジンは順調に発芽します。

マルチフィルム被覆の場合は、本葉が数cmに伸びたころ、大きいもの1本に間引きます。溝底播種の場合も、ニンジンの葉が不織布にぶつかるぐらいになったら、不織布を外して、間引いて株間が10cmぐらいになるようにします。

種子（黒田五寸）

作業暦　●種まき　■植えつけ　■収穫　●●●種採り

1月　2月　3月　4月　5月　6月　7月　8月　9月　10月　11月　12月

種採りのポイント

十分に乾いた状態

傘花を吊るして乾かす

枯れはじめてきた傘花（右上は開花直後の傘花、7月）

手で揉みながら脱粒させる

収穫したニンジン

夾雑物を吹き飛ばし、保存する

11月終わりから12月にかけて収穫し、形よく、元気なものを選んで葉は数cm残して切り、母本として採種する場所に移植します。年を越し、春になると萌芽して5～6月にとう立ちし、傘状の花が咲きます。大きな天花（頂花）のほか、側枝も伸びて花が咲きます。授粉はハチがくれば任せればよく、少ないようであればネギと同じように手のひら授粉をします。

採種・保存

種ができて7月になると枯れてくるので刈り取って防虫網などに包み、雨があたらない風通しがよい場所で乾かします。十分乾いたら手で揉みながら脱粒し、夾雑物を吹き飛ばします。

ニンジンの種には毛が生えています。種苗会社では毛除（けじょ）という作業工程があり、取り除きますが、家庭菜園では毛がついていてもよいでしょう。紙袋などに入れ、冷蔵庫などで保管します。

ゴボウ

牛蒡／キク科ゴボウ属
原産地＝地中海沿岸、西アジア

系統・品種

太くて味のよい大浦、葉ゴボウで知られる越前白茎（えちぜんしろくき）などの在来種、育成種があります。

栽培のヒント

ゴボウの栽培はナガイモ同様、すっかり波板方式でつくるようになりました。そのまま地面にまっすぐ根が入ると1m近くを掘らないと収穫できません。途中で引き抜こうものなら根はちょん切れてしまいます。

　ところが角度15度に寝かせた波板の畝をつくり、その上に土を15cmほどのせて、斜面の上に種をまくとゴボウの根が伸び、波板にぶつかると波板の谷に沿ってすなおに伸びます。そのため形のよいゴボウとなり、さらに深く掘ることもなく収穫が容易になるのが最大の利点です。欠点といえば波板で地下水の上昇が遮断されるため、雨のないときには水やりが必要となることです。

　ゴボウは固定種なので自家採種できます。まず、種を採るための母本を選びます。収穫時に形のよいものを複数本選びます。1本でも種は採れますが、何度も採種を繰り返すうちに弱性化する可能性があるので複数のほうがよいでしょう。選んだ母本を今度は採種する場所に植えます。特別な場所の必要はありません。

　普通に栽培するように畝を立て、根は横に寝かせたままで株間50cmぐらいに植えます。そのまま冬を越すと春に芽吹いて伸びはじめます。ゴボウは2年目になると花芽ができるので、5月ごろからとう立ちしてきます。葉も大きく広がり、花茎はぐんぐん伸びてきます。6月の下旬にもなると花茎の先端に複数の蕾が現れ、7月に入ると薄紫色のアザミに似た花を咲かせます。授粉はハチに任せればよいでしょう。そのまま置くと8月の終わりごろには種をつけ、株が枯れ上がります。

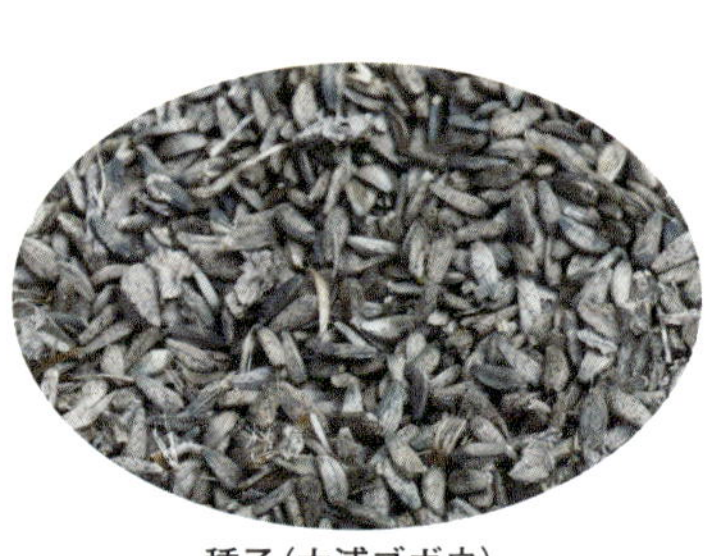

種子（大浦ゴボウ）

作業暦　●種まき　■植えつけ　■収穫　●●●種採り

1月	2月	3月	4月	5月	6月	7月	8月	9月	10月	11月	12月

採種・保存

枯れ上がった種の部分を刈り取ります。よく乾いていれば、そのまま採種できます。忙しければすぐに採種しなくても、そのまま保管しておけます。種が包まれた部分は、洋服の生地など

種採りのポイント

総苞を篩にこすりつけ、種を取り出す

花茎の先端に現れた複数の蕾（右上は開花、6月）

扇風機を回し、夾雑物を取り除く

種の入った総苞。多くのとげがある

瓶などに入れて保存

容器内に残った種

波板の畝で栽培したゴボウを収穫

にぺたっと引っつきます。よく見ると針状の先端がカギ状に曲がっているためです。草の種にも人や動物にくっついて移動する種類がけっこうあります。

種は中に入っているので、それを外に出さなければなりません。5㎜目の篩にごしごしとこすりつけ、種を採り出します。種を包んでいる部分は意外と軽く、種はかなり重みがあります。

このような場合、風選で簡単に分離することができます。プラ舟などの容器を置いて扇風機を回しながら篩の下に落ちた種の混ざったものを落とすと、おもしろいように種だけが容器内に落ちます。

容器内にまだ夾雑物があるようなら、もう一度繰り返せばほとんど種だけが採れます。種は瓶（乾燥剤同封）や紙袋などに入れ、冷蔵庫で保管します。

ダイコン

大根／アブラナ科ダイコン属
原産地＝地中海沿岸、中央・東南アジアなど

発芽後、何回か間引く

十字形の花が総状に咲く

系統・品種

みの早生、方領、練馬、三浦、宮重（みやしげ）、総太（そうぶとり）、大蔵、守口、打木源助（うつぎげんすけ）、桜島などの在来種、育成種があります。

栽培のヒント

採種用のダイコンをまく時期は、9月です。9月上旬まきで11月に収穫、9月下旬まきでは収穫は12月ごろになります。畑にはボカシと草木灰をふって耕し、幅70㎝、高さ10㎝程度の畝を立て、黒マルチを張ります。一畝に2条まきますが、株間は30㎝にします。一穴に種を数粒落とします。その後、指で覆土し、鎮圧します。防虫網トンネルをして発芽を待ちます。

なお、ダイコンの芽が出て最終間引きまでの間には時間があります。その間を利用し、条間にコマツナやホウレンソウなどを混植することをおすすめします。ダイコンが大きくなる前に、りっぱに収穫でき、スペースが有効利用できます。

ダイコンは落とした種の数により回数は変わりますが、何回か間引きをします。数粒なら発芽後、本葉が出るころまでに2〜3本に間引き、本葉が4〜5枚になるころ1本に間引きます。2回目の間引き菜は、葉ダイコンとしておいしく食べられます。ちょうどそのころ、混植したコマツナやホウレンソウも収穫時期になります。

その後はダイコンが急速に葉を広げ、伸び始めます。収穫時期になると外葉が垂れ下がり、青首ダイコンは抽根（ちゅうこん）といって根の部分が地上部に競り上がってきます。ほどよい太さになったら引き抜いて収穫します。

そこで元気な形のよいものを選び、3分の2ほど葉を切って母本として採種場所に50㎝間隔に移植します。ダイコンの根は斜めに寝かせて植えるほうが楽です。他品種がそばにないなら、そのままオープンで採種したほうが楽

種子（桜島）

作業暦　種まき　植えつけ　収穫　種採り

1月　2月　3月　4月　5月　6月　7月　8月　9月　10月　11月　12月

種採りのポイント

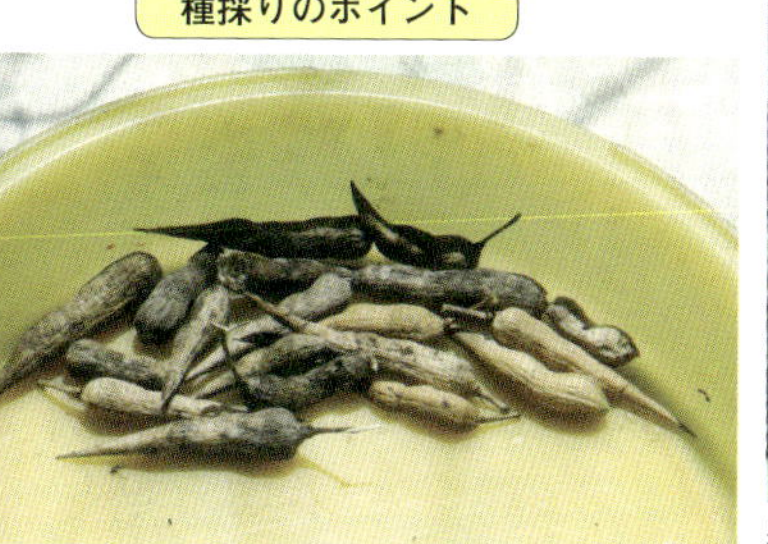
乾燥させた鞘

春先に結実

晩生種の三浦ダイコン

鞘をたたいたりして脱粒させる

食味のすぐれた宮重総太ダイコン

収穫した源助ダイコン

夾雑物を取り除き、保存する

三浦ダイコンは下部が太い

です。ダイコンも芽が出た後、一定期間5℃以下の低温にあうと花芽が分化します。

しかし、春ダイコンを栽培する場合は、ポリトンネルをかけることにより昼間の温度を25℃以上にして、分化した花芽を消滅させることができます。春になり温度が上がると、分化した花芽が生長してとう立ちします。母本を移植した場合は、根の張りが十分ではないので、とうが立ったら倒れないように支柱をしたほうがよいでしょう。

採種・保存

受粉後2か月ぐらいで株全体が淡褐色になったら刈り取り、鞘だけをとって網袋に入れ、雨があたらない風通しのよいところで乾かします。

ダイコンの鞘は、ほかのアブラナ科に比べて太く大きく硬いので、たたいたりして脱粒します。脱粒後は夾雑物を飛ばし、紙袋などに入れ、冷蔵庫で保管します。

カブ

蕪／アブラナ科アブラナ属
原産地＝温帯ヨーロッパ、中近東

系統・品種

カブは色が白、赤、紫、大きさが大、中、小、形が丸いもの、細長いものなどバラエティーに富んでおり、さまざまな系統、品種が各地で成立しています。

よく知られているものに、扁平の丸型で漬け物用の温海（表皮が赤紫、中身が白）、細長い形状の日野菜（土から出た首の部分だけが赤紫）、大カブの聖護院、小カブの金町、天王寺などの在来種があります。また、小さく丸い形のみやま小かぶは東京の在来種の金町をかけ合わせてつくった固定種で、緻密で甘みのある肉質には定評があります。

十字形に開花

結実する

収穫期を迎える

栽培のヒント

採種用は冬を越させるため、秋まきします。畑には堆肥、ボカシ、草木灰を全面にまいて混ぜ合わせ、幅60～70㎝、高さ10㎝の畝を立てます。株間15㎝の穴あきの９５１５を張ります。種は一穴に数粒落とし、土をかけ軽く鎮圧します。

発芽まで雨がないようであれば土の表面が乾かないように水をやります。晩秋までは害虫が容赦なくやってきますから、種をまいたらすぐに防虫網トンネルをかけておきます。

発芽して本葉が出始めるころに一穴2～3本に間引きます。大きめの苗を残すようにし、異株があったら早めに間引いておきます。さらに大きくなり根元に白く小さなカブが見えるころ、一穴1本に間引きます。

種子（みやま小かぶ）

作業暦　●種まき　■植えつけ　■収穫　●●●種採り

作業	1月	2月	3月	4月	5月	6月	7月	8月	9月	10月	11月	12月
種まき									●			
植えつけ											■	
収穫											■	■
種採り					●●●							

種採りのポイント

茎を株元から刈り取り、乾燥させる

手で揉んだりして脱粒

夾雑物を吹き飛ばす

篩にかける

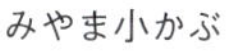
みやま小かぶ

トンネル栽培

温海カブの収穫

舘岩カブ（福島県南会津町）

採種用株は抜いて母本選抜をしてもよいですが、カブは抜かなくても形状がほぼ見えるので、異株でなければそのまま冬を越させるほうが傷みません。低温感応して春になると、とう立ちしてきます。黄色い菜の花が咲きます。カブはハクサイ、コマツナ、ミズナ、チンゲンサイなどと交雑します。近くにそれらがある場合は網をかけて隔離し、ナミハナアブを入れて授粉させます。

採種・保存

種ができ、淡褐色に鞘が枯れたら茎を株元から刈り取って防虫網に包んで、雨があたらない風通しのよいところで乾燥させます。2週間後、手で揉んだり棒でたたいたりして鞘から種を脱粒させます。さらに乾燥させて篩にかけ、皿などに入れて細かい夾雑物は息をかけて吹き飛ばし、種だけにします。種は瓶（乾燥剤同封）や紙袋などに入れ、冷蔵庫で保管します。

ショウガ

生姜／ショウガ科ショウガ属
原産地＝熱帯アジア

系統・品種

小ショウガの金時、谷中（やなか）、中ショウガの三州、大ショウガの近江などがあります。

栽培のヒント

ショウガは種ショウガを4月末から5月にかけて植えつけます。種ショウガは前年の収穫物をそのまま使えばよいのです。初めての場合はホームセンターなどにいろいろな種ショウガが販売されているので、それを求めます。

畑にはボカシと草木灰をまき、平畝にします。種ショウガを50～60gに手で割り、深さ20cm、株間20～30cmに植えます。芽出しをしてから植えるやり方もありますが、ふつうに植えると芽はなかなか出てきません。腐ってしまったのかなどと心配してしまいます。でも大丈夫。1か月半ぐらいしたら、かならず出てきます。その前に草が出ますから、芽が出てきたら草の中だったなんてならないないように、しっかり草を取って待ちます。

梅雨明け後、温度が上がるとどんどん大きくなります。株元へは土寄せをし、敷きわらを敷いて地温が上がらないようにします。

ショウガを収穫

小ショウガ

種ショウガづくり

霜が降るころまで生育させ、葉が黄色くなったら、掘り上げて根ショウガを収穫。掘り上げたら茎と根を取り除き、土をつけたまま保存します。

ショウガの保存に最適な温度は13～15℃といわれ、それより高いと芽が出てきます。低いと傷みます。乾燥にも弱いので湿度のある1mちょっとの土室に入れます。

種ショウガ（土佐大生姜）

作業暦（●種まき　■植えつけ　■収穫　●●●種採り）

1月	2月	3月	4月	5月	6月	7月	8月	9月	10月	11月	12月
				植えつけ						収穫・種採り	

インゲン

隠元豆／マメ科インゲン属
原産地＝中央アメリカ

系統・品種

インゲンには蔓あり（丸うずら、群馬尺五寸など）と蔓なし（金時など）があり、莢の形は丸莢と平莢があります。さらに未成熟で莢を食べるものと完熟させて豆を食べるものがあります。

蔓あり品種のほうが長い間たくさん取れます。蔓なしは蔓ありより収量は少ないものの支柱もいらず、枝豆感覚でつくることができます。

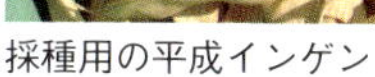

収穫期の平莢インゲン

採種用の平成インゲン

栽培のヒント

種まきの時期は4月中下旬が適期です。夏の暑さには弱く莢がつきにくくなりますが、盆過ぎの8月中下旬に種をまいても秋に収穫することができます。ただ、秋には台風がくると葉が風でちぎれやすいのでハウス栽培が安全です。

畑には堆肥を十分入れ、軽くボカシをふる程度で種をまきます。株間30cmで一穴に3粒程度落とし、覆土してしっかり鎮圧します。

蔓ありは高さ2mぐらいの支柱を立て、紐支柱を縦横に張ります。採種用は元気な株を選びます。

採種・保存

蔓ありはいっせいに収穫ができませんから熟したものから順に摘み取ります。種が入って完熟するまで置くと緑色が消え、枯れたものから摘み取ります。莢は網袋に入れて、雨があたらない風通しのよい場所に吊るして乾燥させます。

蔓なしはいっせいに黄色くなった時点で抜き取り、風通しのよい雨があたらない場所に株ごと逆さまに吊り下げて乾燥させます。

よく乾いたら種を莢から脱粒して瓶や袋に入れ、冷暗所で保存します。

種子

作業暦　●種まき　■植えつけ　■収穫　●●●種採り

	1月	2月	3月	4月	5月	6月	7月	8月	9月	10月	11月	12月
種まき				●								
収穫						■	■	■				
種採り							●●	●				

ソラマメ

空豆、蚕豆／マメ科ソラマメ属
原産地＝アフリカ北部

系統・品種

一莢に5～6粒入りのさぬき長莢、大粒の河内一寸、陵西一寸、ロングリーンなどがあります。また、早生種、晩生種があります。

ソラマメは、いろいろ採種する種の中では一粒の種の大きさがもっとも大きく巨大です。

栽培のヒント

露地の普通栽培は10月中下旬に種をまき、翌年の5～6月に収穫します。大産地鹿児島の早出しが、年内から出荷されているのは催芽状態の種を冷蔵して春化処理をしているからです。そうすると冬を越さなくても冷蔵時に冬を越したかのように種が感じて、秋に花が咲き始めるのです。

採種用は普通栽培で、冬の寒さにあてて花芽を分化させます。種をまく畑には堆肥、ボカシ、草木灰を入れ、幅70㎝、高さ10㎝の畝を立て、マルチを張っておきます。

種はじかまきでもポットで育苗しておいてもよく、畝の中央に50㎝間隔にまきます。種はオハグロ（胚珠と子房の付着部分の痕跡で、一般にへそと呼ぶ）を下に、種の半分を土に挿し込みます。土はかけません。

霜よけとアブラムシよけを兼ね、防虫網トンネルをかけます。冬の間は生育緩慢であまり伸びないので、筆者は同じ畝にカブ、コマツナ、ホウレンソウを混植し、冬の間収穫しています。狭い家庭菜園ではスペースの有効利用のためにも混植をおすすめします。

3月中旬から4月にかけ、花が咲き始めます。分枝は7～8本になり、莢付きのよい株を選んで採種株にします。莢は小さいうちは上を向き、大きくなると下を向いてきます。青果用は未成熟収穫で莢が緑色のときに収穫しますが、採種用にはその時点ではまだ種が未熟なので取らずに完熟させます。

防虫網で覆っていないと、かならずアブラムシが生長点付近に集団でつきます。生長点は摘み取らずにペットボトルにじょうごを挿して、枝先のアブラムシをじょうごの中に落とし込みます。少しぐらいの捕り残しは、天敵のテントウムシやカマキリに食べてもら

種子（河内一寸）

作業暦　●種まき　■植えつけ　■収穫　●●●種採り

1月	2月	3月	4月	5月	6月	7月	8月	9月	10月	11月	12月

種採りのポイント

逆さまにぶら下げる

株ごと抜く

開花（４月）

発芽後、初生葉展開

マルチ栽培

莢が真っ黒になるまで乾燥させる

莢から種を取り出す

収穫したソラマメ（陵西一寸）

います。

採種・保存

完熟すると莢は真っ黒になります。莢が真っ黒になって株も枯れあがったら株ごと抜いて、雨のあたらないところに逆さまにぶら下げて乾燥させます。

すっかり乾燥したら莢を外します。すぐに莢から種を脱粒する方法もありますが、脱粒すると種皮は赤茶色に変色するので、種をまくときまで莢のまま保存します。

10月中旬の播種期になったら、莢から種を取り出します。莢に入っていた種子は、やや褐色を帯びた薄緑色をしています。ソラマメゾウムシがつくことがあり、種に穴があいている場合もありますが、発芽しないことはありません。参考までに報告すると、2014年に採種したソラマメは一株で種が84粒ありました。

エダマメ（ダイズ）

枝豆／マメ科ダイズ属
原産地＝中国

系統・品種

早生大豊緑（たいほうみどり）、黒崎（くろさき）、茶豆、だだ茶豆、小糸在来、おがわ青山（あおやま）在来、丹波黒などの地域の在来種、育成種があげられます。

エダマメはもともとダイズから改良されたもので、極早生品種から晩生品種まであります。

栽培のヒント

熟期により早生品種は種まき時期が幅広く、新潟の産地では1月からまいています。その後、6月ごろまでまけます。中生品種は5月の連休ごろからまきます。それより早くまくと蔓ボケ状態になります。晩生品種はさらにぼけやすく、播種時期は夏至のころ以降でないと茎葉ばかりでき、実がなりません。

熟期によって適正なまき時期に種をまきます。畑は堆肥を入れた状態で、とくに肥料は入れなくてもよく、15cm間隔に一穴に3粒ずつ落とします。芽が出てくるときがハトの害にあいやすいので不織布をべたがけするなどして鳥害対策をします。

育苗することもできます。12cmポットに20粒ほどまいて芽が出て初生葉が出た時点で移植する方法は、鳥害の心配もありません。1本ずつ植えられるので間引く必要もなく、ひょろひょろ伸びずに実つきもよくなるのでおすすめです。生長途中では中耕土寄せをして胚軸まで土をかけてやると、新しい根が出て順調に生育します。

黒ダイズは6月下旬にまきますが、徒長しやすく、それを防ぐ秘策があります。発芽直後に胚軸から根を切り、ポットに挿し木をするのです。1週間もすると発根し、摘心した横から二つの芽が伸び始めます。ポットに根がまわり、そこの穴から根が見え始めたら畑に植えつけます。

黒ダイズは生育旺盛なので、株間は50cmにします。密植すると莢がつきません。通常、エダマメはマメ科で根粒菌が窒素固定をするため肥料は控えますが、この断根摘心挿し木育苗したものは肥料をやることでさらに収量が増します。

黒ダイズ　青ダイズ

作業暦　●種まき　■植えつけ　■収穫　●●●種採り

1月 2月 3月 4月 5月 6月 7月 8月 9月 10月 11月 12月

黒ダイズは8月の終わりごろからピ

白色の花が咲く

黒ダイズの開花（8月）

本葉の展開

ンク色の花を咲かせますが、このとき、もっとも注意しなければいけないのがカメムシの害です。マルカメムシなどがきて幼莢を吸汁すると、もう莢は大きくなりません。カメムシはたちまち増殖してしまい全滅したことがあります。

無農薬栽培のためには、カメムシがつかないように防虫網を張ることが最善の方法です。ただし、通常の小トンネルでは小さいので黒ダイズがすぐに上につかえてしまいます。高さが1mぐらいの大きなトンネルが必要です。

虫害もなく無事に莢がつけば10月中旬には莢が大きくふくらみ、おいしい黒ダイズのエダマメが食べられます。

収穫期のエダマメ

採種・保存

採種用はさらに完熟させ、株が茶色く枯れるまで置きます。株が完全に枯れ、莢の色も黒くなったら抜き取り、雨があたらないところで逆さに吊って乾かします。

ほどよく乾いたら莢が弾け、種がこぼれないうちにビニールシートなどを広げたところに置き、さらに乾かします。その後、脱粒すれば種が採れます。冷暗所などで保存します。

種採りのポイント

株が茶色になるまで完熟させる

乾燥後、シートや台に広げる

莢から弾けた種子を取り出す

シカクマメ

四角豆／マメ科トウサイ属
原産地＝熱帯アジア

系統・品種

熱帯アジア原産の多年草で、熱帯アジアで広く栽培されていて、導入の歴史の浅い日本では、冬季に枯れるので一年草扱いです。沖縄では「うりずん」と呼ばれます。

近年、家庭菜園だけでなく、緑のカーテンの素材としても使われるようになっています。若い莢は緑色からいくぶん紫色を帯びるものまであります。莢の長さは10～15㎝。莢の断面が四角形で、莢の緑がひだひだ状のフリルになっています。涼しげな大きな水色の花が咲きます。

水色の花が咲く（9月）

初期の生育

収穫したシカクマメ

栽培のヒント

寒さに弱いので5月に入ってからポットにまいて育苗し、5月末ごろに株間30㎝で植えつけるようにします。真夏には勢いよく成長するので、高さ2mほどの園芸支柱を立て、紐支柱などを張って蔓を這いあがらせます。鞘が十数㎝になったら収穫します。

若莢や種子、それに若い茎葉も食用になります。

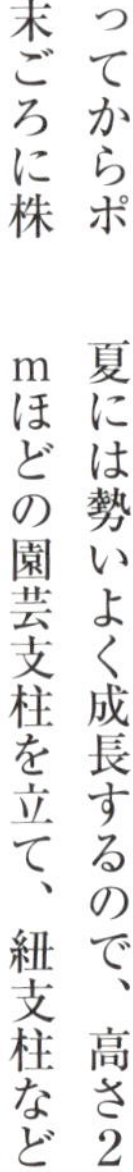

採種・保存

鞘が茶色く枯れるまで置いてから種を採り、網袋に入れ乾燥させます。十分乾いたら脱粒し、瓶（乾燥剤同封）などに入れて冷蔵庫で保管します。

種子

作業暦　● 種まき　■ 植えつけ　■ 収穫　●●● 種採り

1月	2月	3月	4月	5月	6月	7月	8月	9月	10月	11月	12月
				種まき・植えつけ			収穫	収穫・種採り	収穫・種採り		

エンドウ

豌豆／マメ科エンドウ属
原産地＝中央アジア、中近東

系統・品種

エンドウには莢エンドウ（日本絹莢、兵庫絹莢など）と実エンドウ（グリーンピース、白目など）、莢、実とも食すスナップエンドウがありますが、採種においては一緒です。

紅紫色の花が咲く

収穫したエンドウ

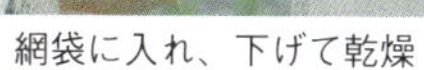

網袋に入れ、下げて乾燥

栽培のヒント

種は10月中旬にまいて発芽させ、冬を越しますが、露地の場合は厳寒期には篠竹などを挿して防霜してやります。ビニールハウス内ならその必要はありません。春になり蔓が伸び始めるころまでに支柱を立て、紐支柱を張って蔓を支えます。伸びるにつれて横に広がってくるので、蔓が垂れ下がらないようにさらに紐支柱で囲います。

4月に花が咲き始めます。エンドウは自家受粉なので交雑の心配はありません。

採種・保存

以前、うかがったエンドウの育種家のところでは採種用は莢ではなく、莢がいっぱいついた株ごと抜いて逆さに吊って乾燥させていました。

家庭菜園ではサヤエンドウの青果物は種がふくらまないうちに待ったなしでどんどん収穫しますが、案外取り残しの莢が種になっていることがあります。その莢単位での採種で十分だと思います。

種が完熟した莢は、緑色でなく白っぽくなります。それを集めて網袋に入れ、雨があたらない風通しのよいところにぶら下げて乾燥させます。種をまく10月に莢から種を脱粒すればよいでしょう。余った種は瓶（乾燥剤同封）などに入れ、冷蔵庫で保存します。

莢エンドウ種子　　スナップエンドウ種子

作業暦　種まき　植えつけ　収穫　種採り

1月　2月　3月　4月　5月　6月　7月　8月　9月　10月　11月　12月

ラッカセイ

落花生／マメ科ラッカセイ属
原産地＝南アメリカ

系統・品種

黒落花生（千葉）、おおまさりなど地域の在来種、育成種があります。

栽培のヒント

ラッカセイは5月の連休ごろ種をまきます。じかまきなら一穴に3粒落とし、株間30cm間隔でまきます。育苗するなら7・5cmポットに一粒ずつまいて、ポットの底穴から根が出るようになったときに畑に植えます。

ラッカセイは匍匐性で地面に広がりながら、開花後、子房柄（しぼうへい）が伸びて土中に入り、豆ができます。生育中は株まわりを中耕し、草が生えないようにしておきます。

夏になるとラッカセイは生育旺盛になり、緑のカーペット状態になります。9月の終わりごろから10月にかけ、実が熟します。葉が黄色くなれば熟した印なので収穫します。収穫直後なら、ゆでラッカセイで食べるとおいしいものです。3％の塩水で莢ごと40分間ゆでれば食べられます。とくにおおまさりなどの品種は粒が大きく、ボリュームがあって最高です。

開花（７月）

株ごと乾燥

露地栽培

殻から脱粒

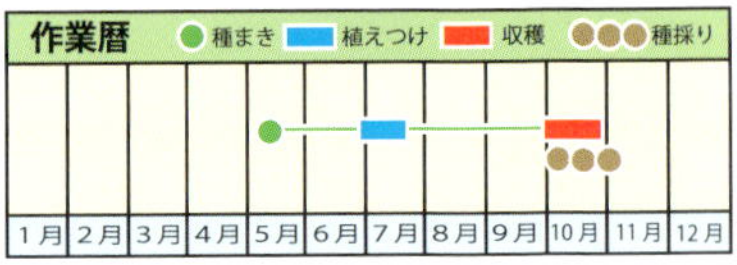

採種・保存

採種用は掘り取った株を畑に置いて乾かす方法が一般的です。しかし、ネズミなどの害もあるので、株ごと雨があたらないところに吊り下げるのがよいでしょう。

2～3週間すると乾いて、莢をふると中で種がからから音をたてるようになります。ラッカセイの種は皮が薄いので莢から出さずに殻ごと網袋などに入れ、吊り下げて保存します。種をまくときに殻から脱粒します。

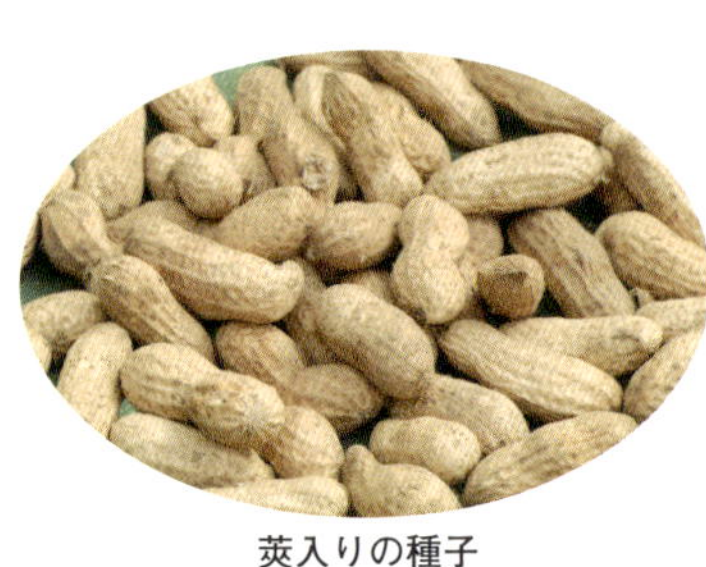

莢入りの種子

作業暦　●種まき　■植えつけ　■収穫　●●●種採り

	1月	2月	3月	4月	5月	6月	7月	8月	9月	10月	11月	12月
作業					●種まき		■植えつけ			■収穫 ●●●種採り		

第3章

種採りの予習と復習

■

キュウリの種（相模半白）

種採りのための栽培上の留意点

健康な土の土台が必要

種採りは、野菜の生育ステージの最初から最後までを完結させなければなりません。そのために、もっとも重要なのは土づくりです。健康な土の土台があってこそ、充実した寿命の長い種が採れるといえます。

　化学肥料は野菜の肥料吸収も早く、見た目は目を見張る生長をするのは確かです。しかし、化学肥料は土壌中の微生物の餌にはなりません。その結果、土はどんどんやせていきます。病虫害が蔓延すれば農薬をかける、養分欠乏で連作障害が出るなどの悪循環が始まります。

自然界と同じ環境に

　自然界に目を向ければ、耕すこともなく、肥料をやることもなく、毎年たくさんの動植物が育っています。植物は、太陽の光線と水と空気中の二酸化炭素をもとに炭酸同化作用で養分をつくり、生長します。

　やがて木々の葉が落ち、草が枯れるとそれらは微生物や小動物により分解され、朽ち果てて、養分を蓄えた腐葉土になって土に還ります。そこに、つぎの生命が育つという循環を繰り返していることがわかります。それが自然の摂理なのです。

　畑にもこの自然界と同じ環境をつくれば、耕すこともなく、病害虫も大発生することなく、おいしい野菜が取れながら土は肥え、ほかほかの状態になっていくという循環ができるのです。土の中にいかに多くの生物が棲んでいるかが重要なのです。そうなれば連作障害もなくなります。

　土のためには、収穫物以外の残渣は絶対に畑の外に持ち出してはいけません。残渣には植物に必要な養分が吸収されているので、それを戻さなければなりません。たとえ病気のものでも、畑に戻せば浄化されます。

発酵している天恵緑汁

天恵緑汁を生かす

　筆者は天然微生物を取り込むため、第1章でも触れたとおり毎春、ヨモギと黒砂糖を漬け込んで天恵緑汁をつくります。そこにはヨモギのエキスと葉にいた天然微生物と黒砂糖のミネラルが含まれ、抽出後に出てくる黒褐色の液体は発酵していて、微生物が生きているのが目に見えるようです。

　天恵緑汁を水で５００倍に薄めて畑

に散水すると、そこに善玉菌が優勢な環境ができ、病気も少なくなります。
天恵緑汁は発酵のもとともなります。

天恵緑汁のつくり方

参考までに、天恵緑汁のつくり方の手順を示します。

①夜明け前、もしくは早朝、ヨモギを採取する

②ヨモギを洗わずに計量し、必要に応じて刻んだり混ぜ合わせたりする

③ヨモギをタライなどに入れ、すぐにヨモギ重量の2分の1の量の黒砂糖と混ぜ合わせる

④③を素焼きのかめ（もしくは杉桶など）に押し込むようにして入れる

⑤かめに重石をのせ、一昼夜置いて空気が抜けたら重石を取る

⑥かめに和紙などでふたをし、材料や仕込みの日付を記入する

⑦気温にもよるが5～7日後、熟成。浮き出た汁をざるで濾し、取り出す

⑧保存用の容器に汁を入れ、冷暗所や地面などで保管する

（詳しくは『はじめよう！自然農業』趙漢珪監修・姫野祐子編、創森社刊で紹介されています）

ヨモギを採取する

熟成し、汁が浮き出る

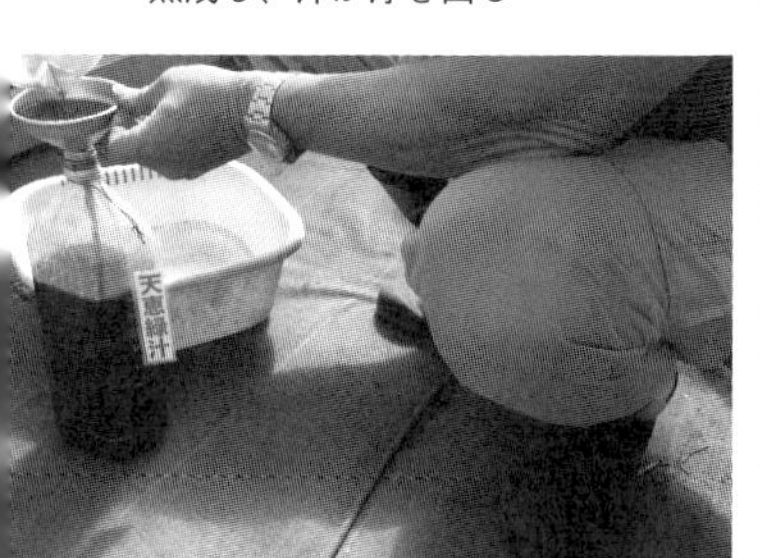

保存容器に汁を入れる

ボカシ肥料などを施す

有機質肥料は動植物由来のもので、肥料成分をバランスよく含んでいます。米糠、油粕、骨粉、魚粉などに水と天恵緑汁を入れて嫌気性発酵させると夏なら2週間ほど、冬なら2か月ほどでボカシ肥料ができあがります。空気に触れた部分に白いカビが出ればできあがりです。

ボカシ肥料をつくる

このボカシ肥料を最初は1㎡当たり300～500g畑に入れます。年数が経てば、徐々にその量は減っていきます。それとは別に草や木の枝を燃やし、草木灰をつくって入れます。カリ成分の補給と酸性土壌を中和させることができます。

すぐれた種子を選別する

すぐれた種子の選別

すぐれた種子の条件　すぐれた種子とは、一般につぎのような条件があげられます。

①その品種の遺伝的特性が保たれている、②短い期間に揃ってちゃんと発芽する、③病害虫に冒されていない、④種子以外の異物はもちろん、未熟種子や割れたり、傷がついたりした種子が混じっていない。

種苗会社の選別　種苗会社は、採種地から上がってきた種子をさらに精選します。それには専門の風選機、比重選機、ころがしなどといった道具がいろいろ開発されています。光で不良種子を弾く機械まであります。さらに、最近は種子に殺菌剤などを入れてコーティングする加工やペレット加工など付加価値もついているのがあたりまえのようになっています。

主な選別法

もちろん家庭菜園の場合、種苗業者のような完璧さはなくてもいいでしょう。身近にはどんな選別方法があるかについて、紹介します。

水による選別　なじみになっているのは水選です。未熟な種子や異物は水に浮き、充実した種子は水に沈むという選別法です。もっとも簡単な比重選別法で実用的です。ただし、カボチャなど種子が大きく平たくて軽いものは、充実した種でも水に沈みません。

篩による選別　水を使わない選別では、篩選別があります。篩選別は明らかに能率的です。種子の大きさにもよりますが、よく使うのは2㎜目です。もう少し小さい目なら台所用品の味噌漉しも意外と使えます。

水に沈むトマトの種

風による選別　風選は大量でなければ、もっぱら皿状の容器に入れて息を吹きかければ済んでしまいます。大量に採れたときは、扇風機を使うと簡単です。種により異物の飛び具合や正常な種の分離具合が違うので、そのつど、位置関係などを調整します。

それでも取り除けないものは、根気がいりますがピンセットでつまんでやればいいのです。

篩選別の例

2㎜目の篩にかける

ホウレンソウの種をふるう

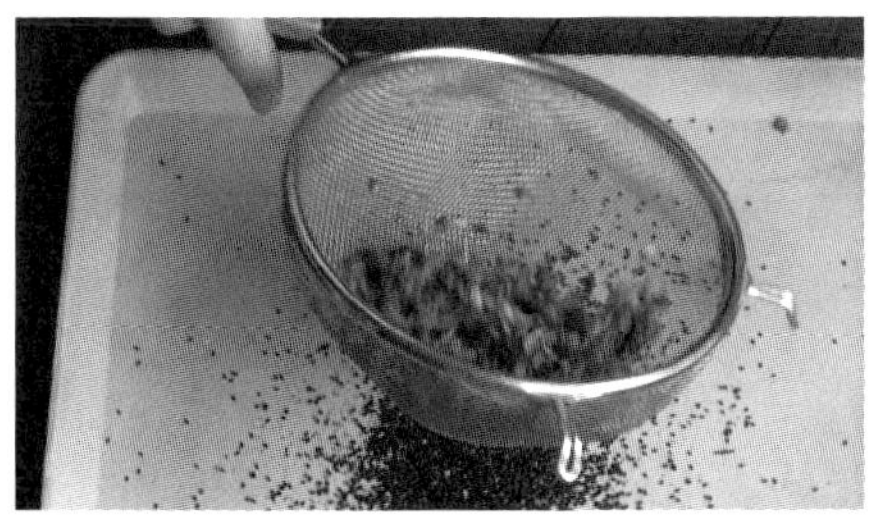

味噌漉しでバジルの種をふるう

水選の例（トマト）

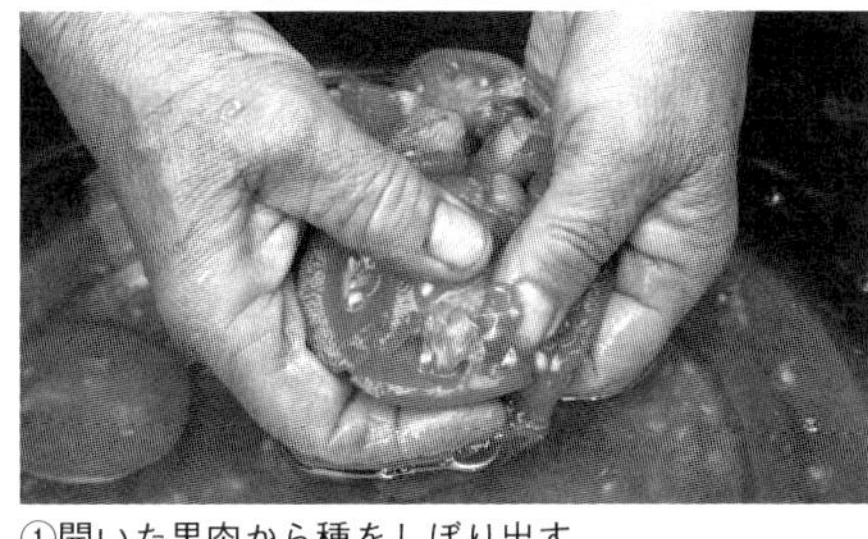

①開いた果肉から種をしぼり出す

②種を水に入れ、付着物を取る

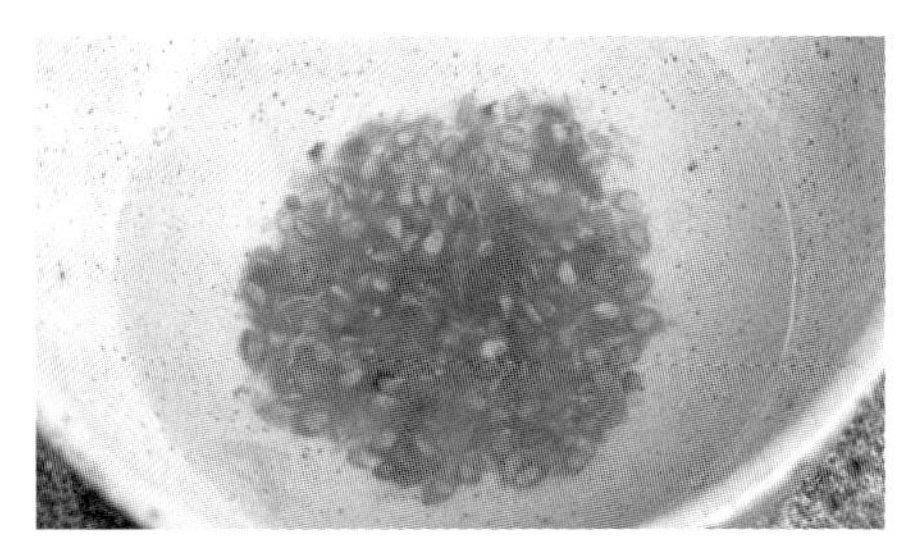

③充実した種が水に沈む

風選別の例

息を吹きかけて夾雑物を飛ばす

扇風機による風選

種子の調製、保存のポイント

乾燥・低温を基本に

　種子の保存のポイントは、乾燥と低温です。よく乾かしたものを冷蔵庫の野菜室などに防湿状態の袋に入れて保存すれば、寿命は長くなります。種子によって寿命はいろいろですが、採種条件がよければ種子も充実し、寿命は長くなります。

　年が明け、今年栽培する種を準備して広げてみると、こんなにと思うほどいっぱいあります。それぞれの種のまき時期を計画していくのも楽しいものです。

　手元の種には種苗カタログを見て新しく買ったもの、自家採種したもの、繰り越した余り種などいろいろあります。種は新しい種を使うのがいちばんなのはいうまでもありませんが、繰り越しの余分な種も芽が出れば使えるので捨てることはありません。

　２０００年前のハスの種から芽が出たとか、ツタンカーメンのエンドウなど種の寿命も長いものもあるわけで、古い種だからだめとはいえません。

発芽試験と発芽率

　野菜の種類によっても、種の寿命はいろいろです。１０５頁でも触れていますが、一般的にはエダマメ以外は古い種もけっこう使えます。古くて発芽が心配なら、本番前に発芽試験をすればよいでしょう。

　発芽試験にはシャーレに濾紙を敷いて種を１００粒並べて適量な水を加え、恒温器内で発芽させるきちんとした方法があります。市販品では、野口のタネ・野口種苗研究所の発芽試験器「メネミル」が発芽状態を判定するのに手軽で便利です。

　土まきという方法もあります。本番どおりにポットに土を入れて種をまき、水を与えて発芽を待ちます。芽が出た割合が発芽率です。もっとも実用的なやり方です。

　新しい種と古い種では発芽勢に差が出ることが多く、発芽はするけれど発芽するまでに時間がかかったりします。すなわち発芽の勢いがなくなってくるのです。その後の生育にも影響します。発芽勢が極端に悪くなったら、新しい種に更新します。

日付、品種名の記録

　家庭菜園で使う市販の種子は通常、絵袋に入っていますが、品種名などは袋の上に書いてあるので、種をまくとき、品種名のところでなく、袋の下をハサミで切って種を出します。中身を全部まききった場合は、まいた日付を空き袋にマジックで書き、ヘアピン杭を挿して絵袋をかぶせます。

　全部の種をまききらずに種が余った

種まき後の発芽例

タマネギの発芽（自然農）

スイカの発芽

エダマメの発芽

シャーレーでの発芽試験（キュウリ）

メネミルによる発芽状態の検査

場合は、袋の下を薬包紙の折り方で閉じて保管しています。

　種をまいた後、畑にはまいた日付と品種名を記録しておくようにします。さらに日記などにそれを記録しておけば、後日、なにかと参考になります。

　畑には立て札を用意してもいいのですが、布製のガムテープに日付と品種名を書いてマルチに貼ります。マルチでない場合は、防草シートなどを押さえるペグを挿してガムテープを貼ります。

保存の容器と留意点

　自家採種でオクラや豆類など大きめの種子はネット袋に入れて吊るして乾燥させ、十分乾燥したら紙袋や布袋に入れ、採種日と品種名を書いて保管します。

　採種時に充実している種ほど寿命は長くなりますが、さらに種の寿命を少しでも長く持続させる保存環境として、最初に述べたとおり乾燥と低温が

種を保存する入れ物

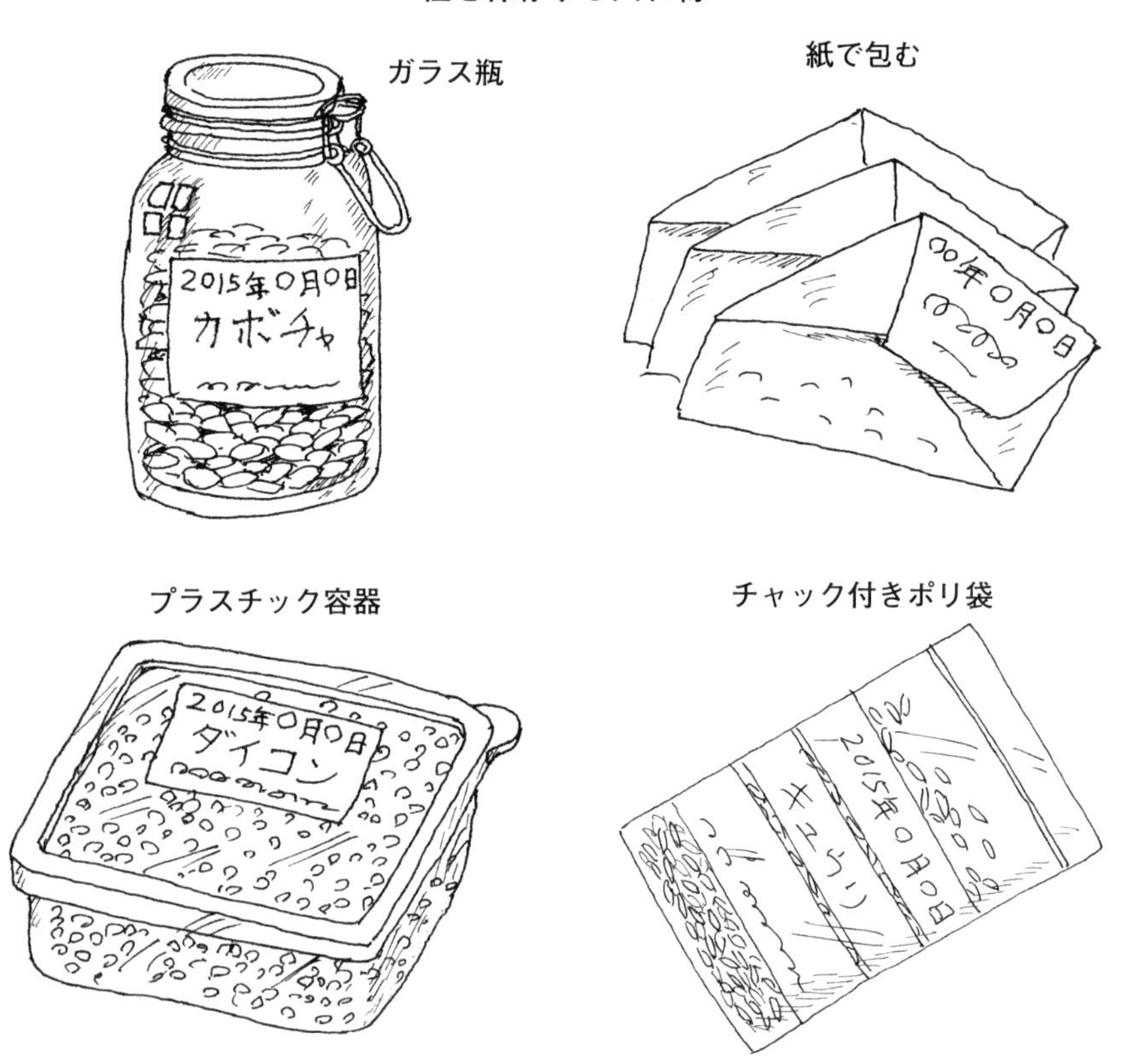

注：種を紙で包んだり、紙袋や布袋に入れたりする場合を除き、菓子箱や海苔の缶、食品袋などに入っている乾燥剤を同封するように心がける

大切になります。とくに暑い夏は常温下に置かず、紙袋、布袋に入れて家庭用冷蔵庫の野菜室などに保管するのがいちばんです。

ポリ袋、使用済みのガラス瓶、缶など、入手しやすいプラスチック容器に入れたがる人が多いようですが、これらの容器は種子の水分含量が入れたときのままになるので注意しなければなりません。どうしても利用したい場合は、菓子箱や食品袋などに入っている乾燥剤を同封するようにしましょう。

冷蔵庫のスペースがない場合は、冷蔵庫に比べて種の寿命は短くなりますが冷暗所で保管します。

たくさんの種子の保管と合わせてパソコンの表計算ソフトに採種年、品種名、種子の量などを入力してデータベースをつくっておくことをおすすめします。なにかと管理しやすく、まき時期ごとに分類しておくと、まき忘れたりせずに便利です。

種子の寿命と保存期間・方法

種子の寿命の長さ

以前勤めていた種苗会社で入社後間もないころ、入り口のショーウインドウに見本の絵袋詰め種子が飾ってありました。あるとき中を片づけるというので、そこにあった20年前のトマトの種を持ち帰ってまいてみたら、なんと発芽したことがありました。

野菜の種子の寿命は意外と長く、それは種類や採種条件の良否による種の充実度にもよります。

種の収納室（冷暗所）の設置例（安曇野たねバンクプロジェクト＝長野県池田町）

種類による寿命の差

条件により変わるので一概にはいえませんが、一般的にはエダマメなどの豆類、ネギ、タマネギ、ミツバ、ニンジン、レタス、ゴボウ、シソなどは寿命が短いとされています。1～2年のうちにまいたほうがよいでしょう。

ダイコンなどのアブラナ科やキュウリなどのウリ科やナス科の種子は、比較的寿命は長いほうです。前述のように数年経っても発芽するのです。

家庭用冷凍庫で種を冷凍保存（日本有機農業研究会種苗ネットワーク）

寿命と保存期間・方法

種子は高温多湿で寿命が短くなります。ということは低温乾燥状態にすれば、寿命が長くなるということです。十分乾燥させた種子を防湿容器に入れ、冷蔵庫で保存するのが寿命を長くする最良の方法なのです。

ちなみに冷蔵庫内の温度は3～8℃、湿度は約30％に保たれています。クラフト紙の紙袋、または布袋、さらに防湿容器などに入れて保存すると、種子の水分を取り、寿命を伸ばすことにつながります。

スペースなどの都合上、冷蔵庫で保管できない場合、ジャムなどのガラス瓶に入れ、冷暗所で保存します。フタはきちんと密閉できるもので、なるべくなら菓子箱などに入っていた乾燥剤とともに種子を入れるようにしたいものです。冷蔵庫よりは寿命が短くなります。

登録品種と在来種・固定種の種

種苗法上の品種登録

種苗法とは日本の法律で「植物の新たな品種の創作をした者は、その新品種を登録することで、植物の新品種の育成者権を占有することができる」というものです。筆者も2008年3月にブルーベリーの「フクベリー」育成者として品種登録をしています。

登録品種には絵袋などに農水省種苗登録、またはPVPと書いてあるのでわかります。

自家増殖のルール

登録品種の種苗・収穫物を利用するには、原則として権利者の許可が必要です。登録品種を栽培し、自家増殖をするにあたり、農家の自家採種による増殖は育成者権の例外となっていて、育成者の許諾を得なくても自分で栽培するための増殖をすることはできるのです。あくまでも自己の経営地でしか栽培できません。

その増殖した種苗を他の農家に有償無償にかかわらず譲渡することは、種苗法違反になります。海外へ持ち出す

登録品種に関する問い合わせ先

◆登録品種の確認は

種苗の生産(増殖)や販売を行おうとする品種が登録を受けている品種であるか否かの確認については、品種登録ホームページでも確認できます。ただし、正確な情報については、農林水産省の品種登録簿の閲覧または謄写の請求等により、ご確認下さい。

品種登録ホームページアドレス
http://www.hinsyu.maff.go.jp

◆権利が侵されたかもしれないときは"品種保護Gメン"へ

品種保護Gメンは、
①育成者権の保護・活用に関する相談への助言
②育成者権を侵害しているか否かの判断を支援するための品種類似性試験の実施
③育成者権の保護・活用に関する情報の提供
④育成者権侵害状況記録の作成
⑤証拠品保管のための種苗等の寄託
等を行っています。お気軽に御相談下さい。

品種保護Gメンホームページアドレス
http://www.ncss.go.jp

? 詳細は、下記の窓口にお問い合わせください。

農林水産省食料産業局新事業創出課
〒100-8950東京都千代田区霞が関1-2-1
TEL.03-3502-8111(代表)
FAX.03-3502-5301

独立行政法人 **種苗管理センター**
品種保護対策役(通称:品種保護Gメン)
TEL.029-838-6589
E-mail hinsyu_gmen@ncss.go.jp

注:農水省ホームページより

ノラボウナの脱粒作業(東京農業大学グリーンアカデミーの実習)

「権利者の許可が必要」のルール案内

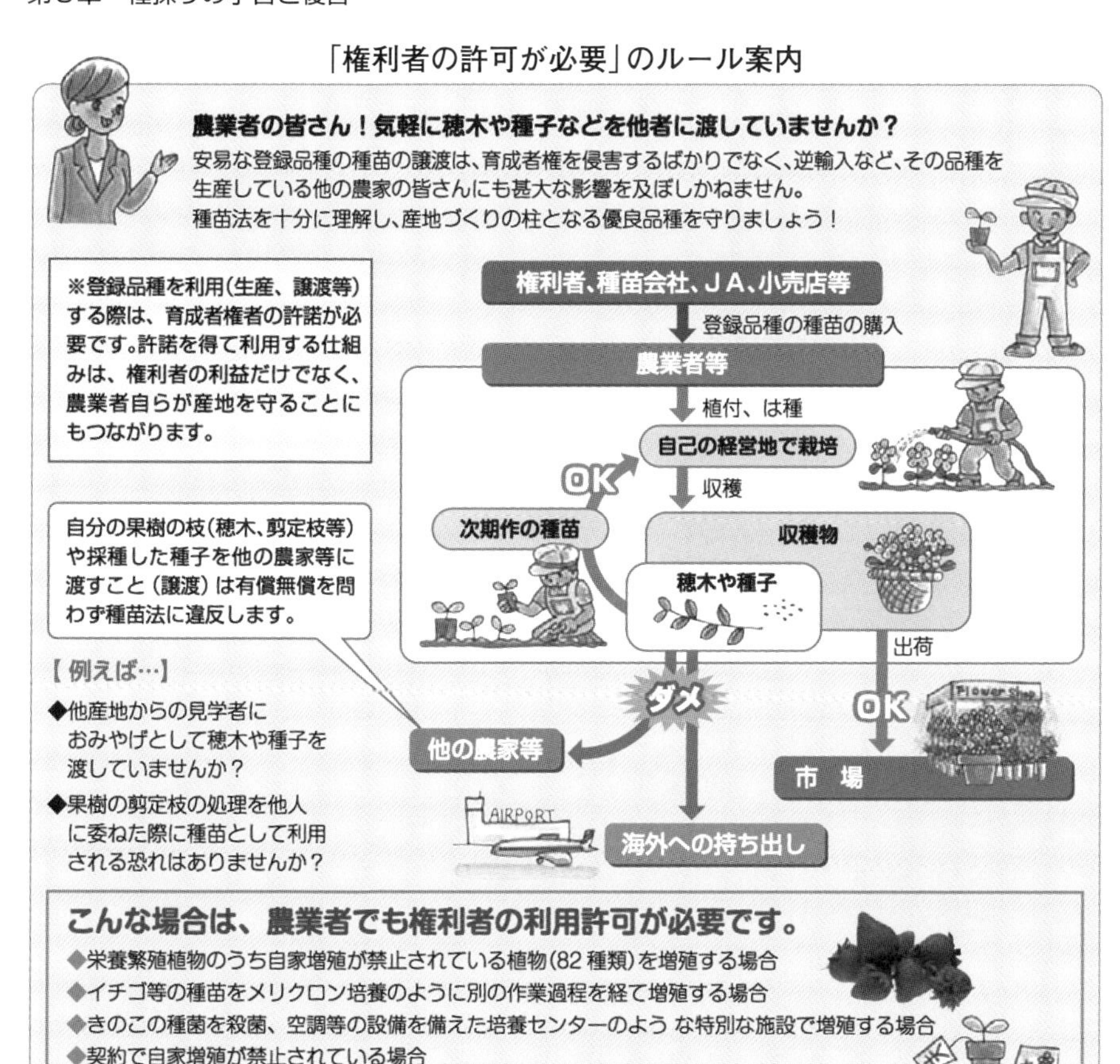

注：農水省ホームページより

こともできません。収穫物を出荷することはできます。

また、隣の農家から分けてもらった種苗が登録品種だったことに気づかず、それをもとに自家増殖を開始した場合は許諾が必要になるのです。

固定種は種本来の姿

一般に在来種は、品種登録のさいに求められる区別性、均一性、安定性の主要な三つの要件を満たさず、また生産量が少ないため、登録メリットがなく、登録されることはまれです。

そのため、生産農家であっても自分の畑で在来種、固定種野菜を栽培し、収穫物を販売したり、自由に翌年以降のために採種したり、その種を仲間に譲渡したりする行為は、なんらとがめられるものではありません。

在来種、固定種の種こそ作物をつくる人、食べる人みんなのものになっており、種本来の姿、あり方を示しているともいえましょう。

◆種の主な入手先案内

みかど協和株式会社

〒267-0056　千葉市緑区大野台1丁目4番11号　TEL043-311-6100

トキタ種苗株式会社

〒337-8532　埼玉県さいたま市見沼区中川1069　TEL048-683-3434（代表）

株式会社サカタのタネ

〒224-0041　神奈川県横浜市都筑区仲町台2-7-1　TEL 045-945-8800（代表）

タキイ種苗株式会社

〒600-8686　京都市下京区梅小路通猪熊東入　TEL 075-365-0123（大代表）

野口のタネ・野口種苗研究所

〒357-0067　埼玉県飯能市小瀬戸192-1　TEL 042-972-2478

カネコ種苗株式会社

〒371-8503　群馬県前橋市古市町1-50-12　TEL 027-251-1611（代表）

株式会社トーホク

〒321-0985　栃木県宇都宮市東町309　TEL 028-661-2020

株式会社アタリヤ農園

〒289-0392　千葉県香取市阿玉川1103　TEL 0478-83-3125

公益財団法人自然農法国際研究開発センター

〒390-1401　長野県松本市波田5632-1　TEL 0263-92-6800

＊このほかの種苗会社などでも固定種の種を扱っています。なお、野口のタネ・野口種苗研究所では、ほとんどの在来種・固定種野菜の種を扱っています(取り扱いの種リストは野口勲・関野幸生著『固定種野菜の種と育て方』創森社刊などに収録)。さらに、NPO法人日本有機農業研究会をはじめとする各組織、団体、グループなどでも在来種・固定種野菜の伝承をめざし、種を扱っています。

◆主な参考文献

『秀明自然農法　自家採種の手引き』秀明自然農法ネットワーク、2007
『野菜の種はこうして採ろう』船越建明著、創森社、2008
『いのちの種を未来に』野口勲著、創森社、2008
『自家採種入門』中川原敏雄・石綿薫著、農文協、2009
『はじめよう！ 自然農業』趙漢珪監修、姫野祐子編、創森社、2010
『固定種野菜の種と育て方』野口勲・関野幸生著、創森社、2012
『種から種へつなぐ』西川芳昭編、創森社、2013
『図解マンガ フクダ流 家庭菜園術』福田俊著、誠文堂新光社、2015
『野菜だより』各号、学研

◆野菜名さくいん（五十音順）

受粉の助っ人ナミハナアブ

エンドウの莢を網袋に入れて干す

デザイン———寺田有恒
ビレッジ・ハウス
撮影———福田 俊
取材・写真協力———三宅 岳　蜂谷秀人　丹野清志
野口のタネ・野口種苗研究所
金子美登　林 重孝　川口由一　船越建明
日本有機農業研究会
安曇野たねバンクプロジェクト
ひょうごの在来種保存会（山根成人）
日本自然農業協会（姫野祐子、土屋喜信）
関野幸生　高橋浩昭　梅村芳樹　ほか
イラストレーション———宍田利孝
校正———吉田 仁

著者プロフィール

●福田 俊（ふくだ とし）

園芸研究家。

1947年、東京都生まれ。東京農工大学農学部卒業。種苗会社勤務を経て現職。長らく日本ブルーベリー協会理事などを務め、2008年には育成種「フクベリー」を育成者として品種登録。また、自家菜園、貸し農園などで有機・無農薬の混植連続栽培、自家採種などにも取り組む。ホームページwww.fukuberry.comとYouTubeでブルーベリーと野菜の情報を発信している。

著書に『育てて楽しむブルーベリー12か月』『ブルーベリーの観察と育て方』（ともに共著、創森社）、『有機・無農薬の野菜づくり』（西東社）、『福田さんのラクラク大収穫！野菜づくり』（学研）、『図解マンガ フクダ流家庭菜園術』（誠文堂新光社）ほか

〈育てて楽しむ〉種採り事始め

2015年５月15日　第１刷発行
2022年５月10日　第２刷発行

著　　者――福田 俊
発 行 者――相場博也
発 行 所――株式会社 創森社
〒162-0805 東京都新宿区矢来町96-4
TEL 03-5228-2270　FAX 03-5228-2410
http://www.soshinsha-pub.com
振替00160-7-770406
組　　版――有限会社 天龍社
印刷製本――中央精版印刷株式会社

 ISBN978-4-88340-297-7 C0061